ENCOUNTERS WITH
ANIMALS

當頑童遇見動物

英國博物學家的14堂自然觀察手記

•
•
•

Gerald Durrell
傑洛德．杜瑞爾──著 唐嘉慧──譯 曾文宣──審訂

獻給

艾琳・莫隆妮

紀念那些遲繳的講稿、深深的嘆息

和過於冗長的開場白

Contents

目錄

譯者序

進入杜瑞爾的魔法世界

英國人在介紹傑洛德．杜瑞爾時，會加上一長串顯示他多方面才華與成就的頭銜：博物學家、野生動物蒐集者、動物園創始人、保育先驅、暢銷作家、廣播電視主持人……，通常還會加上一個早已融入英語字彙的法語名詞「raconteur」——指那種特別會說故事的人。惟有妙語如珠、用詞遣句生動幽默，才能讓人聽得津津有味、回味無窮。在英國，「幽默」好比價值最高、能夠讓持有人通行無阻的貨幣，稱某人「raconteur」，那可是難得的讚譽。

話說回來，言談幽默的人不少，每年到處表演脫口秀的諧星多如過江之鯽，有幾個能通過時間考驗，成為藝界長青樹？筆底生花的作家不知幾凡，但著作被翻譯成三十一種文字，不斷再版的，又有幾人？

杜瑞爾的寫作生涯，始於為BBC英國國家廣播電臺寫廣播稿。這本一九五八年出版的書，集結他從一九五一年尾開始廣播的精選。之前他因遠征西非帶回幾種從未在英國見過的活體動物而在動物園界聲名大噪，開設廣播節目之後，他透過他那上流階級的口音、富磁性的男低音，以及天生的說故事能力，名氣逐漸深入一般大眾。

杜瑞爾對於寫作，一輩子都抱持著自嘲的態度，即使成為暢銷作家，仍一再強調他痛恨寫作，寧願清洗動物籠子；他的文豪大哥才是真正的文學家，他只不過是一介賣文者，為了生活，為了養他的動物園，為了復育瀕危動物，不得已而為之。他不但討厭寫作，而且深信自己不是寫作的料。年輕時的杜瑞爾缺乏自信，迷人的外表之下隱藏嚴重的不安全感，自認是世界上教育水平最低的人——的確，他只讀完幼兒園，連小學文憑都沒有！這樣的人為什麼開始寫作，而且還成為暢銷作家？

一九五一年杜瑞爾帶著交往兩年、甫成年（當時法定年齡為二十一歲）的第一任妻子賈姬（Jacqueline）私奔，結婚成家。當時他已經三度遠征蒐集動物，賠光了遺產，又遭到倫敦動物園園長嫉恨，登上英國動物園業界黑名單，找不到工作。他姊姊瑪戈（Margaret）比較務實，拿她的那份遺產在伯恩茅斯的母親家附近買了棟大房子，分間出租。新婚小倆口便寄居在瑪戈的閣樓斗室裡，每天吃白麵包喝紅茶果腹。賈姬和杜瑞爾性格迥異，杜瑞爾是詩人、夢想家，賈姬是行動派、實事求是，正好互補。他們雖身無分文，對賈姬來說，那短短幾年卻是他倆二十五年婚姻中最快樂的時光。

可惜愛情不能當飯吃。文豪大哥勞倫斯（Lawrence）建議他，何不將遠征的經歷寫下來，賺幾個錢；賈姬從此想盡辦法，威脅利誘，逼丈夫專心寫作，只差沒將他綁在打字機前。

但杜瑞爾堅持不寫，認定自己沒能力；儘管他的文豪大哥勞倫斯並不這麼想。杜瑞爾三歲時父親早亡，勞倫斯大他十三歲，一直扮演亦兄亦父的角色，並以培養詩人的方式薰陶這個小弟。勞倫斯最早也以寫詩進入文壇，過著波西米亞式的生活，結交的朋友全是諸如T・S・艾略特（T. S. Eliot）或亨利・米勒（Henry Miller）等放浪不羈或驚世駭俗的文人雅士。杜瑞爾在他的指導下，從小涉獵各種雜書和「禁書」。旅居希臘科孚島期間，勞倫斯不但鼓勵小弟寫作，還幾度將弟弟的作品寄去巴黎，在亨利・米勒等編輯的前衛文學期刊上發表。我最近讀到一首杜瑞爾在十一歲時寫的頹廢詩作，詩中的意象與鮮明節奏，令我為其早熟及創作潛力跌破眼鏡。在此我不想自不量力翻譯，僅將原文複錄如下，讓對英語感興趣的讀者明白，杜瑞爾寫的書後來能夠風靡全球，歷久彌新，絕非偶然。僅靠幽默感或奇特的人生經歷，不見得能寫出傳世之作；杜瑞爾的確是位天才作家。

Spoon on, swoon on to death. The mood is blue.
Croon me a stave as sexless as the plants,
Deathless as platinum, cynical as love,
My mood is indigo, my dance is bones.
If there were any limbo, it were here.
Dancing dactyls, piston-man and pony
To dewey negroes played by saxophones...
Sodom, swoon on, and wag the deathless boddom.
I love your sagging undertones of snot.

Love shall prevail—and coupling in cloakrooms
When none shall care whether it prevail or not.

不過那段時間，無論別人怎麼勸進，他就是執意不肯嘗試。有一天他在ＢＢＣ廣播上聽見某人遠征西非的經歷，聽完後他嗤之以鼻，猛烈批評，賈姬逮住機會刺激他：「你覺得別人寫得這麼爛，那你為什麼不寫出更好的？」

這招激將法有用，杜瑞爾被逼著寫出第一份廣播稿《獵毛蛙記》，寄給ＢＢＣ，獲得採用，並從一九五二年起定期赴倫敦錄音，自始有了固定的收入，並為後來的出書鋪路。一出書，他立刻成為暢銷作家，出版商與他簽約，要求每年至少出版一本，而他也需要錢來繼續遠征蒐集動物，籌辦他的動物園。寫作從此帶給他極大的壓力。

一九五六年，他達到寫作生涯的巔峰，《我的家人與其他動物》（*My Family and Other Animals*）出版，轟動大西洋兩岸，勢不可擋。同年，他帶賈姬三度遠征西非，為自己的動物園蒐集動物，寫成《行李箱裡的野獸們》（*A Zoo in My Luggage*），但當時他的婚姻已然亮起紅燈，終生困擾他的憂鬱症露出魔掌。接下來兩年，他為成立動物園與當權集團及官僚制度搏鬥，心力交瘁，根本無心寫作。於是賈姬又幫他出主意，將過去大受歡迎的ＢＢＣ廣播稿集結成書，也就是這本《當頑童遇見動物》，出版上不至於毀約，又能帶來新收入，填補他追求理想的無底洞。

英國國寶級自然紀錄片主持人大衛．艾登堡爵士（Sir David Attenborough）曾在一九九五年杜瑞爾的告別式上說：「傑洛德．杜瑞爾即是魔法（Gerald Durrell is magic.）。」艾登堡爵士並不是說杜瑞爾「擁有」魔法，而是說杜瑞爾「即是」魔法——他奇特的童年，他反傳統、反主流的資歷，他獨排眾議、隻手擎天建造起來的事業，他的文風和他巨大的個人魅力……在在閃爍著魔法的光彩。這本應付救急、倉促彙編的書亦不例外，文字清新動人，故事扣人心弦。

杜瑞爾老年時曾表示，雖然他的外表變得臃腫不堪，但他的內心永遠停留在十二歲。他的魔法將時間停格在最純真美好的時刻，當他自由自在徜徉在奇妙豐饒的伊甸園裡，精力充沛地探索學習，心中充滿熱情願景，對夢想終將實現信心滿滿，而周遭的人全都無條件地寵愛他、支持他……這正是他引領讀者進入的世界——一個永遠年輕、真善美的世界。

可每個人都明白魔法倏忽即逝，魔法是現實的相反，而我們都活在現實中；這一點沒人比杜瑞爾更清楚。中年之後，在他實現夢想的漫長歲月中，現實不斷打擊他、排擠他、企圖摧毀他，因此他必須施展魔法將時間停格在他最幸福的時刻，否則他無法走下去。

杜瑞爾的魔法最觸動人心的祕密即在此；他那抒情憂鬱的散文詩，讓你同時感受到魔法的絕美與魔法的無常——童年必須告別，青春必須蒼老，純然的愛與信賴將被死亡帶走；魔法師的黑帽最深處藏著傷逝的酸楚與悲痛。

希望讀者您也能和我一樣，再度進入杜瑞爾的魔法之境，徜徉於他在飽受各方壓力的現實生活中，仍然精萃出的美好世界。

前言

過去九年，我除了遠征世界各地，捕捉到許多奇怪的動物，結婚，罹患瘧疾，寫作出版幾本書之外，還替英國國家廣播公司錄製不少以動物為主題的廣播節目，引來許多聽眾寫信到電臺索求講稿。因此最簡單的解決辦法，便是出一本書，將我所有的廣播稿做個總結；這項工作，我現在完成了。

我的廣播之所以受歡迎，完全歸功於節目製作人，而居功厥偉者，非艾琳．莫隆妮（Eileen Molony）女士莫屬；謹將本書獻給她。她在排練時所展現無比的耐心及外交手腕，令我永誌難忘。那間播音室綠如膽汁，令人情緒暴躁，播音檯上的麥克風彷彿一頭火星來的怪獸，老瞪著我瞧，讓我渾身不自在，糾正我因緊張而犯錯的苦差事就落在艾琳肩上。想到內部通話機傳來她的那些話語，至今仍令我莞薾，像是：「非常好，傑瑞！但要是你一直依這個速度唸稿，今天的廣播時間只會剩五分鐘、而不是十五分鐘！」或是：「唸到這裡的時候，請加把勁、熱情一點好嗎？聽你的語氣好像你很討厭這頭動物似的……還有，開場白請別嘆氣……麥克風都快被你吹倒了！你知道你聽起多沮喪嗎？」可憐的艾琳，努力想教我廣播的藝術。我在這方面若有任何成就，全拜她的指導所賜。鑒於此，獻書給她似乎有加重她負擔之嫌，但我實在想不出其他公開感謝她的方式，何況，我猜她不會看這本書。

第一部

動物的棲息地

Background for Animals

有件事常令我感到不可思議：這世界上任何一個角落似乎都有許多人對周遭的動物渾然不覺。對這些人來說，他們所居住的地方，無論是熱帶森林、草原或是山中，顯然缺乏任何生物。他們所看見的，是一片無生育力又無菌的景觀。我待在阿根廷的時候，這個感受特別強烈。我在布宜諾斯艾利斯碰見一位英國人，他在阿根廷住了一輩子，當他聽說我和妻子打算去彭巴草原（Pampa）尋找動物時，瞪大眼睛，驚訝得不得了。

「我親愛的老弟啊，你去那裡可什麼都找不到喔！」他大聲說。

「為什麼？」我不解地問，因為那人看起來頗有頭腦。

「彭巴草原裡只有一大堆草！」他解釋給我聽，還猛揮手臂，強調草原之大。「我親愛的朋友，那裡什麼都沒有！除了草，點綴幾頭牛，真的什麼都沒有！」

倘若只是概略描述彭巴草原，這個說法其實不算離譜，然而活在那片廣袤平野上的生命不僅止於牛群和「高喬」牧人（Gauchos）。你若站在彭巴草原上，慢慢轉一圈，會發現四周綠草茸茸，無邊無際，平整如撞球檯一般，只偶爾冒出幾叢近兩公尺高的大翅薊（giant thistles），彷彿超現實主義藝術家所創造的奇異燭臺。晴空烤曬下，似乎果真一片死寂，然而在那一大片綠油布底下，在既乾且脆的薊梗形成的小森林內，生命之豐饒，非比尋常。白天最熱的時段，騎馬行經如地毯般的草原，奮力穿越大翅薊森林，聽脆莖如炮仗般劈啪作響，除了鳥，的確看不見幾隻動物。但每隔四、五十公尺，就會有一頭穴鴞（burrowing owl）直挺挺停棲在牠洞穴旁的草叢頂端，像名警衛，以冷冰冰的眼神打量你。要是你再靠近些，牠就會跳支焦慮舞，頭迅速上下晃動幾次，接著展翅起飛，寂然無聲劃過草地。

你的行進必將遭到彭巴草原上的看門狗——鳳頭距翅麥雞（black-and-white spur-winged plover）——的監視與報告。牠們會鬼祟地四處亂竄，低著頭小心翼翼監視你，最後終於起飛，展開黑白紋翅膀，不斷圍繞你盤旋俯衝，伴隨幾聲尖叫「忒—忒—忒！……忒！……忒！」，警告方圓數里內所有動物你來了。一旦這刺耳的警示發出，稍遠處的麥雞立刻此起彼落回應，直到整片草原彷彿都響起牠們的呱呱噪音。這時所有生物都起了警覺和疑心。前方一棵枯樹上，兩根枯枝突然長出翅膀，衝上熾熱的藍天；原來是叫隼（chimango hawk），牠們有漂亮的鐵鏽色和白色羽毛，以及修長的腿。你本來以為只是被太陽曬枯的那叢特大號草堆，冷不防往上一抬，伸出兩根粗壯的長腿，邁開大步，速度奇快地一跳一跳越過草地，頸子往前伸，不時在薊叢間扭身閃躲；你這才意識到，原來你想像的草叢是頭美洲鴕鳥（rhea）！剛才牠就蹲在地上，巴望你經過時別發現牠。雖然惹人厭的麥雞將你的行程宣告天下，但也多虧牠們，草原裡的動物全被嚇了出來。

偶爾你會走到一個池塘前，淺淺一灘水，由蘆葦和幾株發育不良的小樹圍住。這裡有胖大的綠色青蛙，牠們若遭到調戲，會張大嘴往你身上撲，一邊嗚叫出可怕的咯咯聲。追在胖蛙後面的是細長的蛇，身上一截灰、一截黑、一截鮮紅，像以前學校的制服領帶，在草裡蜿蜒而去。燈心草叢裡幾乎都躲著冠叫鴨（screamer），這種鳥像灰色的火雞；冠叫鴨雛鳥蹲在太陽烤乾的地上的淺凹洞裡，羽色嫩黃得像朵毛茛花，即使你騎的馬橫跨在牠上方，牠也一動都不動；冠叫鴨父母卻在一旁發狂踱步，一邊焦慮又可憐地叭叭猛叫，不時轉換聲調，溫柔地給小鴨下指令。

這是白晝裡的彭巴草原。到了傍晚，在你騎馬回家的路上，夕陽落入火焰般燃燒的彩雲內，形形色色的水鴨飛回池塘，如箭矢在平滑的水面上劃出漣漪。小群玫瑰琵鷺如粉紅色雲彩，緩緩降落，至淺水處覓食，在一朵朵雪堆般的黑頸天鵝（black-necked swan）間遊走。

天色向晚，你在薊叢中穿梭，或許將邂逅犰狳（armadillo），看牠駝著背，像個奇異的電動玩具，聚精會神操著小快步在夜裡覓食；或許你會遇見一隻臭鼬在暮色中人立，身上黑白分明，閃閃發光，牠將尾巴硬邦邦豎直，像孩子似地任性跺腳，對你發出警告。

這便是我剛到彭巴草原頭幾天看到的景象。我那位朋友在阿根廷住了一輩子，對這屬於鳥與動物的小世界卻渾然不知。對他而言，彭巴草原只是「一大片草，點綴幾頭牛而已」。我替他感到遺憾。

黑色荒野

從許多角度來看，非洲都不是一塊幸運的陸洲。它在維多利亞時代被冠上「黑色大陸」的名號，至今，雖然那裡已有現代化都市、鐵路、柏油馬路、雞尾酒吧和各種文明必要的附屬品，世人對它的成見如前無異。名聲這檔事，不管是真是假，都很難改變；而壞名聲，更難！

遭汙蔑最嚴重的地區，當屬西非海岸。前人將這塊區域比喻為「白人的墳墓」，寫下無數的故事，極「不」準確地將它描摹成是「一大片綿延不絕、無法穿透的叢林」；就算你成功穿越糾葛的爬藤、荊棘與覆地植物（怪的是，這些無法穿透的叢林卻經常被故事裡的主角穿透！），你會發現每叢樹都在晃動，因為樹裡藏滿野生動物，正伺機撲向你，譬如雙眼發光的豹、嘶嘶作響的蛇、在河裡繃緊全身每一根肌肉偽裝得比木頭更像木頭的鱷魚……即使你成功逃離以上危機，還有野蠻的土著在窺伺等候，要給倒楣的旅人致命一擊！根據這類故事，非洲土著只分兩種：吃人的，和不吃人的。若是食人族，肯定手握長矛；若是非食人族，就揹著弓箭，而且箭上都塗了科學家尚未發現的致命毒素。

當然，沒人介意作家在寫作時為增添情趣稍微偏離事實，但也不能背道而馳吧。很不幸，西非海岸遭汙蔑的程度早已遠離事實，若有人企圖反駁大眾公認的看法，立刻會被扣上大帽子，被抨擊是騙子，根本沒去過該地云云。一個展現出大自然最奇特、炫目且豔麗一面的地方，居然遭受如此惡毒的中傷，實在令人扼腕；而我的抗議，無非只是荒野裡的微弱悲鳴罷了。

我基於工作，去過許多熱帶森林——你若靠蒐集野生動物為生，無論如何，必須親自深入所謂「無法穿透的叢林」去找動物，因為很不幸，動物不會來找你！後來我獲得一個深切的體認；其實一般熱帶森林裡都「極度缺乏」野生動物。你可能步行一整天，到頭來只看見一隻鳥或一隻蝴蝶。森林裡當然有動物，而且有很多動物，但牠們很聰明，會躲著你。你若想捉住牠們，必須先知道去哪裡找牠們。還記得有一次在喀麥隆的森林裡捕獵六個月後，我將蒐集到將近一百五十種哺乳動物、鳥類與爬蟲類展示在一位住在附近二十五年之久的男士面前，令他大為震驚，沒想到就在他家門外、在他眼中始終乏味至極的林子裡，居然住了這麼多形形色色的動物。

西非的皮欽式英語稱森林為荒野。荒野又分成兩種，一種在村落或城市外圍，獵人經常進出，有些還被慢慢蠶食改成農地。住在這裡的動物警戒性高，很難看見；另一種叫黑色荒野，離最近的村落也很遠，獵人極少來。在這裡，你若能耐著性子，保持安靜，就可以看到野生動物。

想捕獵動物，在森林裡胡亂下網毫無用處，因為，動物的行蹤乍看或許隨機又隨意，但你很快會發現大部分動物都有根深蒂固的習慣，食源充足時，每天都走同一條路，會在固定的時間、固定的地點出現；食源沒了，牠就消失了；而且牠們總是去同樣的地點喝水。有些動物甚至有固定的廁所，往往和牠們最常待的地方有一段距離。很可能你在森林裡某一處設下陷阱，卻什麼都捕不到；當你將陷阱往左或往右移三公尺，移到某種動物習慣使用的路徑上，立刻就有了收穫。因此，你在設下任何陷阱之前，必須耐心、仔細地調查周遭環境，找出林地及樹冠層中動物常走的路徑；哪裡的野果即將成熟，哪個洞穴是夜行性動物白天的臥室。我住西非期間，花很長的時間待在黑色荒野裡觀察森林裡的動物，研究牠們的習性，才能比較輕鬆地捕獲及圈養牠們。

有這麼一塊地方，我觀察了將近三週。喀麥隆的森林內偶爾會出現一片灰岩地層，其上土壤澆薄，無法支持大樹根系，便被較矮的灌木叢、雜樹林及長草占領；這些植物可在薄薄一層表土上生存。距離我的營地約五公里外，就有一片這樣的天然草原，我很快發現草地邊緣即是觀察動物的理想地點，因為有三種不同的植被區在這裡交接：首先是草原，占地約五英畝，被太陽烤得發白；接著是草原周邊的灌木叢及雜樹林，被寄生性爬藤密密纏繞，掛滿鮮豔的野牽牛花；最後是這一圈矮小植物後面，向外無限延展的森林；森林裡聳立著數不清高達三、四十公尺的樹幹，彷彿一根根巨大的廊柱，撐起綠葉交織的無邊穹廬。若選對了有利的地勢，你可以同時將這三種不同植被區各一小塊盡收眼底。

我總是一大清早離營，即使在那個時間太陽已非常毒辣。離開空曠的營地，我投入森林中的清涼，頭頂上無數層樹葉篩濾下大片綠色幽光，我在其中，在巨大樹幹間穿梭，行走在鋪了一層又一層枯葉、如波斯地毯般柔軟又富彈性的林地上，周遭唯一的聲響，是那嘈嘈切切、沒完沒了的蟬鳴；那些巴在樹幹上的銀綠色美麗昆蟲嘶吼著，令空氣也隨之震動。你若靠得太近，牠們就會像迷你飛機倏地飛走，透明的翅膀在空中流光溢彩。偶爾，有一種我始終無法辨識的鳥會淒涼唱著「嗚伊……嗚伊……」，牠總是陪伴我穿越森林，透過那流水般溫柔的歌聲向我提問。

有時頭頂上的綠葉穹廬會裂開一個大口子，某根巨大樹幹因蟲蛀或受潮，終於鬆動，從數十公尺高處轟然剝離，墜下林地，並在樹冠層留下一道裂縫，讓太陽射下一道道金色的光柱。你會在耀眼光柱的映照處看見蝴蝶群聚，大的蝴蝶披著長而窄的橘紅色翅膀，在陰暗森林襯托下，彷彿燃燒的燭焰；小而秀氣的白蝶如雪花，在我腳旁揚起一片煙霧，然後像芭蕾舞者不斷旋轉，緩緩落下，停回腐葉堆上。終於，我來到一條溪畔，小溪絮語淌過許多被磨光磨滑、各自戴一頂青苔小帽的石頭；再流過森林，流出矮樹叢，流進草原。因森林邊緣的地勢突然下傾，溪水形成一連串迷你瀑布，每段瀑布都裝飾一叢叢野秋海棠，盛放油燦燦的嫩黃花朵。就在這兒，在森林邊緣，大雨早將一株巨樹龐大根系底部的土壤一點一點沖走了，巨樹在許久以前倒下，如今一半躺在森林裡，一半躺在草原上，僅剩一副巨大的、仍在緩緩腐爛的空殼子。

蔓生的牽牛花與青苔密密覆蓋它，細小的真菌類如長征的士兵，在它斑剝的樹皮上行軍。這裡便是我的藏身處；有一段樹皮已剝離，露出中空的樹心，就像一具獨木舟，我坐進去剛剛好，再由矮樹叢遮掩，非常隱密。一旦確定空心樹幹沒被別的生物捷足先登，我便將自己藏好，好整以暇，開始等待。

頭一個小時，肯定沒有動靜，只有蟬聲和偶爾從溪畔傳來的樹蛙尖銳囀鳴，或是一隻蝴蝶飛過。但只需短暫時間，森林便會忘了你、收納你。即使你臃腫笨拙，只要你靜止不動，一個小時之後，你就會成為風景的一部分。

第一批來的通常是大灰蕉鵑（giant plantain-eater），牠們來吃生長在草原周圍的野無花果。這些大鳥拖著近似喜鵲的長尾，遠在一公里外的森林深處便鳴叫出吹小號似的喧鬧聲，興高采烈預告著牠們來了：「卡魯，酷，酷，酷！」然後從森林裡以奇異的波浪狀曲線，快速飛出，停在無花果樹上，一邊開心對喊，一邊轉動長尾，炫耀身上透出虹彩光澤的金綠色羽毛，再以完全不像鳥的姿態在樹枝上跑來跑去，以媲美大袋鼠的跳躍能力，從一根樹枝跳往另一根樹枝，用力扯下無花果，一口吞下。下一批來饗宴的是一大群白腹長尾猴（Mona monkey）：赤褐色毛皮、灰腿、尾巴基部兩邊各一塊像拇指指紋的亮白色奇異斑塊。猴群逼近所製造的聲響，彷彿森林裡猛然颳起一陣掃葉狂風，你若豎尖耳朵，還會聽見風嘯聲中夾雜一種「呼嚕呼嚕」的怪聲，有點像一隊老爺計程車陷入交通大堵塞，進退不得，只好醉酒似地猛按喇叭。那是一群犀鳥的聲音；犀鳥永遠跟著猴子，不但吃猴子發現的果子，也捕食猴子在樹冠層移動時驚動的蜥蜴、樹蛙及昆蟲。

猴群抵達森林邊緣後，領隊的會爬上視野最佳的高處，一面疑神疑鬼地哼哼唧唧叫個不停，一面鉅細靡遺地掃瞄前方草原。猴群數量約五十隻，除了偶爾傳出某隻猴寶寶鼻塞的哭鬧，全體靜悄悄等在大頭目身後。這隻年長的公猴一旦確定空地上別無異狀，便將長尾在背後捲成一個問號，在樹枝上嚴肅地緩緩踱一會兒方步，再以非凡的彈力騰空一躍，跌進無花果樹叢內。牠在葉堆裡又靜止片刻，最後再檢視草原一遍，然後才摘下第一粒果子，同時一副十萬火急連番喊叫：「齁！齁！齁！」霎時，牠身後本來毫無動靜的森林立刻活動起來，眾猴自隱密處跳出，從高空猛地栽進無花果樹叢，哼哼唧唧叫個不停，扯得樹枝颯颯作響，彷彿一陣陣大浪在拍擊海灘。許多母猴的肚子下趴著小猴，母親凌空跳躍時，寶寶便尖聲怪叫，是因為害怕，還是興奮，不得而知。

猴群在樹叢裡安定下來，找熟果子吃。犀鳥發現猴子的行蹤，又拍又叫地也跟著以犀鳥特有的紊亂降落方式，稀里嘩啦撞進無花果樹叢內。牠們睜著又大又圓、睫毛又長又密的眼睛，頑皮又呆蠢地瞪著猴子，同時移動巨大笨重的鳥喙，精準文雅地摘下果子，小心翼翼往上一拋，張開巨嘴接住、吞下。犀鳥覓食可不浪費，每摘一粒果子都會全部吃掉，不像猴子，每粒果子只咬一口就往地下扔，又急著往下一根樹枝去找好吃的。

灰蕉鵑顯然不屑和這批粗魯的食客同桌進餐，猴子和犀鳥一到，立刻離席。才半個小時，無花果樹叢下便堆滿咬了一半的果子。猴子們臉上帶著自鳴得意的表情，駒駒互相招呼著，移師返回森林。犀鳥多留片刻，再吃粒果子，才興奮地尾隨猴群離去。犀鳥的擊翅聲稍歇，下一批無花果樹招待的食客接著抵達。這一群身型相當迷你，在長草內出沒迅速又安靜，你若不用望遠鏡留心觀察，根本不會注意到任何跡象。牠們是住在森林外圍草堆裡、樹根下和大石頭周圍的縱紋草鼠（striped mouse），體型和家鼠差不多，秀氣的長尾巴朝末端逐漸變細，全身發亮的毛黃褐帶灰，夾著數條橫跨頭尾極醒目的乳白色縱紋。牠們輕盈地自草桿旁現身，一點一點往前移動，不時停下，身體坐直，粉紅色的小爪緊握成拳頭，鼻頭和鬍鬚微微顫抖，嗅聞風中敵人的氣味。儘管牠們帶縱紋的毛皮在移動時顯得亮麗耀眼，可一旦在草桿旁坐定，卻又像罩上一件隱形披風，幾乎完全看不見。

確定犀鳥已全部離開（因為犀鳥偶爾愛拿老鼠當點心），草鼠便開始認真工作，吃猴子扔在地上的殘果。草鼠的性情和森林裡其他鼠類不太一樣，喜歡拌嘴，為食物爭執不休，牠們不時坐直身體，以尖細刺耳的吱吱聲相罵，以表不滿。有時兩隻草鼠會撿起同一粒果子，各據一方，粉紅色的腳爪各自抵住腐葉堆，開始拔河，看誰先鬆手。兩方爭奪的無花果若熟透了，通常會從中間裂開，兩隻草鼠同時往後栽倒，手裡還緊抓著屬於自己的戰利品，再雙雙坐起身，距離彼此不到十五公分，又和睦地各吃各的。若是聽到異響，受到驚嚇，所有草鼠會同時往空中彈跳，就像被隱形的鋼絲往上扯一般，彈跳高度可達十五公分，甚至更高。落地之後，先坐著發抖，抖一陣子，保持警戒，確定沒事了，才繼續爭食鬥嘴打架。

我曾經目擊一幕慘劇，就發生在這群忙著搶猴子垃圾的草鼠身上。有一天，一隻獛（genet）突然從林間竄出；這種靈貓科的掠食動物算得上是森林裡最美麗、身手最矯捷的動物，牠的體形像鼬，臉像貓，全身金毛，密布黑斑，還有一根黑白環相間的長尾巴。通常早晨看不見牠，因為牠喜歡在夜間或黃昏出獵。我猜想這隻可能前一個晚上沒多少收穫，肚子還餓，所以天亮後仍在找東西吃。牠來到草原邊緣，看見那群縱紋草鼠，立刻將肚皮貼地，輕盈地縱身一躍，彷彿在打水漂，倏忽掠過一大段距離，鼠群還搞不清楚狀況，牠已置身其中。草鼠一如往常，全部垂直往上彈跳，然後像一群穿條紋西裝的胖生意人，在草桿間四處逃竄。可是獛的動作太快，一眨眼已叼著兩具軟塌塌的屍體回森林去了；上一刻那兩隻草鼠還為一粒無花果相執不下，吵個不休，因此來不及撤退，才丟了性命。

快到中午，四周在熱辣辣的陽光鞭撻下一片沉寂，就連從不間斷的蟬鳴，聽起來也令人昏昏欲睡。這是所有人午睡的時間，幾乎沒動物可看。草原上只有熱愛陽光的石龍子跑到石頭上曬太陽，或跟蹤蚱蜢及蝗蟲。這種色澤鮮豔的蜥蜴全身又油又亮，彷彿剛塗了油漆，皮膚則像一件馬賽克藝術品，由成千上百塊櫻桃紅、乳白與黑色極細小的鱗片鑲嵌而成。牠們在草桿間飛奔，身體在陽光下閃爍，彷彿奇異的鞭炮。從

正午到太陽西斜、氣溫稍降，中間的時段，除了這類爬蟲，幾乎沒別的動物可看，所以我總趁這段時間吃帶來的午餐，然後抽一根想了很久的菸。

有一次我邊吃午餐，同時目睹了一齣彷彿是專門為我演出的精采喜劇。距離我坐的樹幹不到兩公尺，有一叢纏得亂七八糟的矮樹叢，那天有一隻和蘋果一般大小的非洲大蝸牛（giant land-snail），在其中一根樹幹上極費力、也極有尊嚴地慢慢往前爬。我對牠似乎不用任何肌肉力量便能在樹皮上滑行的方式極感興趣，還有牠那兩支觸角，末端各長一隻總帶著驚訝眼神的圓眼睛，這對眼睛不停左右扭轉，因為必須在那布滿真菌及青苔的迷你世界裡挑選路徑。這隻蝸牛方向不甚明確地緩緩移動，照例在樹幹上留下一道閃閃發光的痕跡，然後我突然察覺到，這道痕跡正遭到追蹤，而尾隨者正是西非一種體型雖小、卻異常凶猛嗜血的動物。

糾葛的牽牛花被用力撥開，自蔓藤中大步現身的這隻小傢伙，身長不超過一根菸，毛色漆黑，彷彿一頭黑色獵犬。牠將又細又長的鼻子緊貼著蝸牛留下的那道黏液，一路追蹤而來。牠，正是勇氣無敵、胃口奇大、貪得無厭的林鼩鼱（forest shrew）。世上若有任何一種生物只為吃而活，林鼩鼱無疑是其中之一。只要肚子有點餓，牠們眼睛眨都不會眨一下，連同類都吃。這隻鼩鼱一邊咕咕噥噥自言自語，也很快趕上了蝸牛，隨即吱一聲撲上去，一口尖牙咬住蝸牛殼後方露出的那塊肉。蝸牛意識到自己的屁股遭到突如其來、極不成體統地攻擊，毫無選擇地只好將身體迅速縮回殼內。回縮動作如此急切，肌肉緊收的力道如此強，就在蝸牛尾巴縮進殼裡的那瞬間，鼩鼱的臉「砰！」一聲撞上蝸牛殼，同時鬆口。蝸牛殼失去平衡，倒向一邊。氣極敗壞的鼩鼱尖叫一聲，衝上去猛地就將頭伸進殼內，企圖扯出才縮進去的軟肉。可是蝸牛早有準備，鼩鼱的鼻子剛塞進蝸牛殼的開口，立刻被一堆發綠的白泡沫噴得一頭臉。鼩鼱大吃一驚，往後跳，同時撞了蝸牛殼一下。蝸牛殼搖晃片刻，往旁邊滾，掉進樹幹底下的矮叢內。鼩鼱這時已氣得語無倫次，坐起來猛打噴嚏，拚命揮著小爪子想抹掉臉上的泡沫。這整件事太滑稽，我忍不住大笑出聲，鼩鼱緊張又害怕地朝我的方向看一眼，便縱身躍入矮叢，一溜煙跑走了。在森林的午睡時刻，居然看到這樣的好戲，實在難得。

下午三、四點，高溫稍降，森林又活了過來。無花果樹叢來了新訪客，諸如松鼠。有一對松鼠顯然認為應該將工作和娛樂結合在一起，便在無花果樹的樹枝上不停奔跑跳躍，玩躲貓貓、玩跳背遊戲，以精力過盛的方式全然忘我相互調情，不過偶爾也會停下來，將尾巴貼在背上，安靜而端莊地坐著吃無花果。隨著樹影拉長，你若運氣好，有時可以看見麂羚（duiker）來溪邊喝水。這種小型羚羊的毛色赤褐油亮，長腿纖細，總是提高警戒緩緩穿過森林，不時停下腳步，一雙水汪汪的大眼睛探視前方道路，同時兩隻耳朵不停前後搧動，聆聽森林裡的聲響。麂羚悄然無聲穿越溪畔濃密的植被，仍常驚動幾隻固定在那裡覓食的巴門達居鼠。這種灰色的小型嚙齒動物有張呆蠢的長臉，一對半透明的大耳朵就像騾子耳，後腿很長，能像袋鼠那樣跳得又高又遠。牠們會固定在傍晚時分涉入淺水區，伸出纖細的前爪仔細梳水草，找細小的水生昆蟲、小螃蟹和螺吃。另一種老鼠也會在這時候出現，牠們可能是鼠類中最一板一眼、動作最浮誇、卻也最可愛的老鼠；全身毛帶點綠，只有鼻子和屁股周圍的毛是對比鮮明的狐狸紅，乍看之下有點像戴口罩卻穿著慢跑短褲的詭異人物。牠們最喜歡的獵場是巨樹板根間軟軟的腐葉堆，會在這兒搖搖擺擺地走來走去，一邊吱吱喳喳對話，一邊翻開葉子、小石頭和斷枝，找藏在底下的昆蟲。偶爾牠們會停下來，聚在一起討論，面對面坐在自己後腿上，連珠砲似地吱吱吱吱說個不停，鬍鬚跟著不停顫抖。聽牠們的語氣，似乎全在抱怨森林裡就這塊地方食物最少；藉此機會對同伴表達同理心、替彼此打氣。有時牠們搜索某地區時，會突然變得極端興奮，高聲尖叫，一邊像幾隻小獵犬拚命往葉堆裡挖，最後洋洋得意地掘出一隻幾乎和牠們一樣大的咖啡色甲蟲。這種甲蟲殼特別硬，又孔武有力，老鼠必須花很大的功夫才能制服牠，讓牠翻過來肚子朝天，接著火速將牠不斷亂踢的幾根尖刺腳咬斷。待甲蟲失去行動力，再快速咬上幾口，甲蟲就死了。這時老鼠會坐回自己的後腿上，兩隻手緊抱甲蟲的屍體啃食，有點像在啃石頭或樹枝，咔嚓咔嚓，還不時發出口齒不清、極為滿意的吱吱聲。

這時草原上雖然光線還夠亮，森林裡卻已暗得視線模糊一片了。你若運氣好，可能會瞧見夜行性動物出來獵食，像是圓圓胖胖、彷彿在趕時間、一本正經小跑步的帚尾豪豬（brush-tailed porcupine），牠身上的刺在行進間摩擦枯葉，颯颯作響。無花果樹叢此刻再度成為社區中心，夜行性動物也愛來這裡，像嬰猴（bush baby），會變魔術似地倏忽現身，如小精靈般坐在樹枝上，一雙碗大的眼睛東瞄西覷，然後高高抬起牠們像極人手的小手，像在表達牠心中萬分的恐懼；難道小仙子現在才發現世上存在罪惡嗎?!嬰猴採食無花果，時不時也會縱身跳到距離相當遠的樹枝上去追一隻路過的飛蛾。此刻天空已染滿霞光，一對灰鸚鵡（grey parrot）剛飛回森林過夜，牠們互相吹著口哨、咕咕叫，森林也奏起回音。遠方驀然響起一陣「呼！呼！呼！」的短促叫聲，混雜尖叫和瘋狂的笑聲，那是一群黑猩猩的睡前序曲，聽了教人毛骨悚然。嬰猴早已像出現時那般悄然又迅疾地消失了，接下來穿越向晚天空抵達的是狐蝠，彷彿一片片邊緣破爛的雲朵，叫聲迴盪四野，拍著翅膀俯衝而下，撞進無花果樹叢裡，為剩下的果子撲打爭吵；不斷拍翅的聲響，就像一百把溼雨傘同時伸進樹叢裡甩乾似的。然後，在黑猩猩傳出最後一陣歇斯底里的叫鬧聲之後，整座森林便陷入黑暗。然而森林仍然是活的，依舊聽得見窸窸窣窣、唧唧哼哼的聲響與震動，此時輪到夜行性動物上場了。

我全身僵硬地站起來，跌跌撞撞穿出森林，手電筒的光束在巨樹間顯得如此微弱可憐。這便是我在小說裡讀到既野蠻恐怖、又令人全身難受的熱帶森林。對我而言，它是由百萬個小生命所組成的一幅巨大拼圖，有些是動物，有些是植物，每個生命都不一樣，互相倚賴。人們緊抓著叢林可怖的老觀念不放，實在令我遺憾，森林其實是一個神奇美麗的世界，等著我們去探索、觀察與理解。

踩蓮鳥的湖

英屬圭亞那位於南美洲北方，堪稱世上最美的地方之一，境內有濃密的熱帶森林、緩緩起伏的大草原、峰巒疊障的山脈和飛花碎玉的宏偉瀑布。但我覺得圭亞那最可愛的地區是它的溪流區，那塊沿海的狹長區域，南到喬治城，北至委內瑞拉國界，千百條流經森林的河流在入海前先抵達這片平地，流速乍緩，散開成百萬條小溪或水道，彷彿裝在巨盆裡的水銀，熠熠生輝。區內植被茂密，植物種類繁多，令人驚異，而且風景之美，彷若仙境。一九五〇年，我遠赴英屬奎亞那為英國的動物園蒐集野生動物，停留六個月，為追捕珍禽異獸深入北方大草原、熱帶森林區，當然也去了溪流區。

我選擇以溪流區內聖塔蘿莎城附近一個美洲印第安人的小村落為基地。想去那裡得花上整整兩天，先坐汽艇沿艾薩奎博河往下游行駛，接著轉入較寬大的溪流開上一段，等到水變得太淺、水生植物長得太密，汽艇走不動了，就換乘獨木舟，由友善沉默的印第安人（也是招待我們的地主）操槳。離開寬廣溪流後，獨木舟深入由細小水道網形成的迷陣，開啟一段我記憶中最美的行程。

我們行經的水道有些寬僅三公尺，而且水面完全被厚厚一層乳白色大型蓮花覆蓋，蓮花的花瓣略帶粉紅。還有一種像蕨類的水生植物，纖細的莖剛好挺出水面，頂端開一朵洋紅色的小花。小溪兩岸密布矮叢與枝幹盤曲的大樹，樹身往溪心傾斜，在頭上形成綠色的甬道，樹枝上掛滿灰中帶綠的松蘿菠蘿和粉紅色與黃色的蘭花。水面植被如此濃密，讓人生出錯覺，以為自己是在一片綴飾了花朵的綠草地上悄悄滑行，而這片草地正悠然在身後溫柔起伏。緋紅冠啄木鳥從一棵樹飛跳到另一棵樹上，羽冠猩紅、鳥喙泛白，若不嘎嘎叫，就猛敲腐朽的樹皮。有時溪畔蘆葦叢裡某隻水鳥受到驚嚇，恰似綠叢中倏地爆出色彩，筆直衝上天去，鮮紅的胸羽彷彿空中乍現的光芒。

抵達後，我才發現小村莊位於高地，四周環繞棋盤狀的溪流，像一座島嶼。分派給我做基地的那棟小茅屋蓋在野地上，和村子相隔一段距離，環境幽美。小屋蹲踞在占地約一英畝的小溪谷邊緣，四周圍了一圈老樹，每棵老樹都好似長出松蘿菠蘿灰長鬍子的老爺爺。附近溪流因去年冬天的豪雨全部氾濫，此時小溪谷仍淹在近兩公尺深水中，只有一些大樹的樹冠戳出水面，在顏色像雪利酒的水面投下粼粼倒影。溪谷周邊長了一圈蘆葦，水中覆蓋大片蓮花，若坐在我的小茅屋門外，可將氾濫後形成的小湖及其周邊地帶盡覽無遺。後來我便經常於晨間或傍晚坐在門前，並赫然發現這小小一片水域和它外圍的矮叢裡，居然住了這麼多動物。

比方說，傍晚時分南美浣熊（crab-eating raccoon）會下溪谷喝水。這種長相奇怪的動物體型和小型犬差不多，毛茸茸的尾巴黑白相間，粉紅色的腳掌又大又扁，全身灰，只有臉上戴副黑眼罩，看起來很可笑。牠們走路的姿態也怪模怪樣：駝背、拖著外八字的腳步，好像腳趾上長了凍瘡似的。南美浣熊來到水邊，先絕望地凝視自己的倒影一、兩分鐘，喝幾口水，再掛著悲觀主義者的神情拖著腳步沿溪谷邊緣找東西吃。牠會涉進淺水區，駝著背坐下來，前爪上的長指在黑乎乎的水裡探索，不時拍拍或戳戳水底的泥巴，然後閃現驚喜的神色，撈出一樣東西，拎起來走到岸上享用。所有戰利品都會以雙手小心捧著，抵達乾燥地面後才來對付。若是隻青蛙，就會被按在地上，一口咬掉頭；但是撈上來的絕大多數是較大的淡水蟹，於是南美浣熊得火速跑到岸上，再使勁將螃蟹往外扔。螃蟹落地後會很快恢復鎮靜，舉起螯展開威脅，南美浣熊對付螃蟹的方式極富創意，效率奇佳。螃蟹這種生物很容易神經緊張，假如你不停去逗牠，而牠每次伸出螯夾你都落空，牠很快就會將自己緊緊摺疊好，生起悶氣，拒絕再陪你玩這種一面倒的遊戲。南美浣熊不必大費周章，只需跟著螃蟹，不停伸著長手指拍打蟹殼，要是快被夾到了，就將螃蟹再拋得更遠。不消五分鐘，飽受挫折的螃蟹便會摺起手腳，蹲在地上不動了。本來像個老太太在逗獅子狗的南美浣熊，這時突然腰桿一挺變臉，往前一傾，一口就將倒楣的螃蟹幾乎咬成兩半。

我這棟茅屋的印第安屋主沿溪谷邊緣種了幾棵芒果樹和芭樂樹，我住那裡時正好碰上果子成熟，吸引許多動物前來。最早出現的往往是卷尾豪豬（tree porcupine），牠們像身材圓胖、喝得醉醺醺的老頭子，腳步蹣跚地從矮叢裡踱出來，像球根的圓鼻子不停扭動，努力嗅聞，永遠淚濛濛的小眼睛總在東覷西瞧，彷彿充滿希望。接著牠們手腳俐落地爬上芒果樹，長尾巴靈巧地捲住樹枝，防止自己從樹上跌落，身上黑白相間的刺則不停在葉間窸窣作響。等找到合適的枝椏，舒服坐定之後，尾巴會牢牢匝兩圈固定好，然後坐在自己後腿上，拔下一粒果子，兩隻前爪握緊，然後一邊旋轉果子，一邊露出兩顆超大的門牙啃食果肉。進完食，有時牠們會拿芒果核玩起一個奇怪的遊戲：牠們會神情恍惚地坐在樹上，略顯不知所措左顧右盼，雙手卻輪流將芒果核從左爪丟到右爪，再從右爪丟回左爪，似乎不知該如何處理它似的，有時還故意接不穩，然後在最後一刻搶救回來。這樣玩了大約五分鐘後，才會扔掉果核，慢慢爬到其他樹枝去摘另一粒果子吃。

有時兩隻豪豬在同一根樹枝上冤家路窄，這時牠們會各自捲好尾巴，坐直直，展開一場最可笑的拳擊賽：閃躲、伸爪打對方巴掌、做假動作、前撲、左勾拳、上勾拳、攻擊要害……花招百出，但絕不身體接觸，全是虛招！這段表演大致會延續一刻鐘，兩名參賽者從頭到尾只有一個表情——帶點迷惑地善意回應！然後，就像接收到某種隱形信號，兩隻豪豬同時放下前腳，分道揚鑣，四足並用地爬到另一根樹枝上。我一直搞不清楚這種拳賽目的為何，誰勝誰負，但有幸觀賞，仍樂趣無窮。

另一種來吃果子的動物是夜猴（douroucouli），也很有意思。這種長相古怪的小型猴是世上唯一的夜行性猴，尾巴很長，身體纖細得幾乎和松鼠一樣，眼睛極大，像貓頭鷹。牠們總是七、八隻成群結隊一起來，跳上樹時無聲無息，但你很快就知道牠們來了，因為牠們會一邊吃、一邊進行冗長又複雜的對話。我從來沒聽過任何一種猴子，或任何一種體型類似的小動物，能發出這麼多不同的聲音。首先，牠們的警告叫聲是一種像在高聲吠叫的喉音，音量相當大，能振動空氣；當牠們叫出這種聲音時，喉嚨會鼓得像粒蘋果這麼大。彼此交談的時候，牠們會發出尖銳的吱吱聲、低沉的悶哼聲、像貓一樣喵喵叫，或是一連串像液體冒泡的聲音，最後這種聲音是我聽過最奇特的動物叫聲。時不時地，一隻熱情過度的小猴會一把摟住同伴的肩膀，接著兩隻猴肩並肩坐下、你抱我、我抱你，一邊發出這種吹泡泡聲，一邊深情無限地凝視對方。據我所知，牠們也是世上唯一一種經不起任何挑逗、動輒便熱情無比開始親吻的猴子：就像人類一樣，嘴對嘴、摟啊抱的，兩根猴尾巴還緊緊纏在一起。

當然，我提到的這幾種動物偶爾才會出現，但有兩種動物，每天都在淹沒的溪谷裡活動。一隻是未成年的凱門鱷（cayman），以爬蟲類標準來看，牠非常英俊；身長約一．二公尺，黑白相間的硬皮如核桃殼般疙瘩虬曲，尾巴上有道龍的棘刺，金黃帶綠的大眼睛閃爍琥珀色的光芒。牠是唯一一隻住在這一小片水域裡的鱷魚。距離我們不到三十公尺的溪流水道網裡，凱門鱷氾濫，我不懂為什麼別的鱷魚不來，反正這隻鱷魚少年獨自住在我茅屋外的小湖裡，每天以業主視察產業的姿態四處游水兜圈子；另一隻是每天都露面的肉垂水雉（jacana）；肉垂水雉可能是南美洲最奇特的鳥，體積及外型有點像英國的紅冠水雞，整潔的身體安在一對細長腿上，腿的末端再岔出一大束長得不像話的腳趾。藉著將身體重量平均分配在這兩束奇長的腳趾上，肉垂水雉能踩著蓮葉或別種水草的葉子，在水面上行走自如，因此得到個外號，叫「踩蓮鳥」。

肉垂水雉不喜歡凱門鱷；凱門鱷卻認為肉垂水雉是老天爺特別放進湖裡，給牠加餐的。不過凱門鱷到底年輕，經驗不足，剛開始跟蹤伏襲的嘗試皆被識破，極為可笑。肉垂水雉會施施然從牠最愛流連的草叢裡踱出來，張開彷彿兩隻大蜘蛛的特長腳趾，嬌貴端莊地踩踏一片片蓮葉行過水面，每片蓮葉因承載牠的體重微微下陷。凱門鱷一看見肉垂水雉，立刻潛入水中，只露出一對眼睛在水面上，波紋不興地朝肉垂水雉悄悄滑行過去，距離愈來愈近、愈來愈近。肉垂水雉總忙著在水草間啄來啄去，找小蟲、蝸牛和小魚吃，很少去注意逐漸逼近的凱門鱷，照理說肉垂水雉應該很容易淪為凱門鱷的口下亡魂。幸好，有一件事救了牠——每次凱門鱷潛游到距離牠僅三公尺處，就會變得興奮過度，不但不往下潛得更深，再從水底突襲，反而突然猛拍尾巴，像艘快艇似露出水面奮力前衝，搞得水花四濺；再笨的鳥也不可能沒察覺，杵在原地就範。所以肉垂水雉總是尖叫一聲，猛拍嫩黃色翅膀，飛走了。

很長一段時間，我根本沒想過為什麼那隻肉垂水雉每天大部分時間都躲在水塘盡頭的同一塊蘆葦叢裡，經過調查，我得到了解答：原來那片沼澤地上，整整齊齊鋪了一塊草葉做的墊子，上面躺著四粒乳白色覆滿咖啡及銀色斑點的圓蛋，肉垂水雉肯定已孵卵一段時日。隔了兩天我發現巢裡空空如也，幾個鐘頭後，便看見那隻水雉領著她的一群小寶寶，第一次走出來看世界。

她從蘆葦叢裡走出來，踏上蓮葉，停下來回頭望。接著走出來的，是她的四隻水雉寶寶，牠們披著金黃與黑色相間的絨毛，倒像四隻超級大熊蜂，又長又細的腿和腳趾，彷彿弱不禁風的蜘蛛網。水雉寶寶排成單行縱隊跟在母親後面，永遠落後一片蓮葉，永遠耐心等候母親先將周圍環境盤查一遍，才會邁出下一步。四隻寶寶又小又輕，可以全擠在同一片盤狀蓮葉上，蓮葉也不會下陷。凱門鱷一看見牠們，當然加把勁嘗試突擊，可是水雉媽媽非常謹慎，只讓寶寶挨著湖邊活動，凱門鱷一輕舉妄動，水雉寶寶立刻從蓮葉上跳進水裡，不見蹤影，過一會兒才像變魔術般現身在乾地上。

凱門鱷想盡辦法，有時盡可能悄悄漂近肉垂水雉；有時潛到一大片水草下再浮起來，讓水草遮蓋自己的眼睛和鼻吻部作為掩護，然後耐著性子靜靜等候；有時甚至漂到水邊，可能想在肉垂水雉剛下水時進行攔截。接下來一週，凱門鱷輪流嘗試這幾種伎倆，但只有一次差點成功。那天中午非常熱，凱門鱷在光天化日下，大剌剌在湖心慢慢繞圈巡游，好監視岸邊每一個角落。到了下午，牠漂向蓮花及水草密生處，居然捕到一隻臥在一朵蓮花花心裡做日光浴的小青蛙。補氣強精之後，牠游到厚厚一大片開滿小花的水草旁，毫不遲疑地潛下水，不見蹤影。我花了半小時搜索湖裡每一個角落，都看不見牠，終於意識到牠肯定還躲在那片水草底下。我用雙筒望遠鏡對準那片僅約略一片門板大小的水草，花了將近十分鐘才找到牠。牠躲在水草正中央，頭其實在水面上，一綹水草掛在兩隻眼睛中間，水草頂端還開了一小撮粉紅色的花，看起來有點像戴了一頂復活節鮮花帽的竊賊；但這項偽裝的確成功，效果奇佳。又過了半小時，水雉一家出現，好戲登場。

水雉媽媽一如往常，毫無預告地自蘆葦叢中現身，靈巧地踏上蓮葉，停頓片刻後，才叫寶寶出來。後者像一排外型怪異的發條玩具，跟在她後面蹽出來，然後全擠上同一片蓮葉，耐心站定等待下一個指令。水雉媽媽一邊走、一邊找東西吃，慢慢領寶寶走向湖心；每次她都會站在一片蓮葉上，彎身以喙啣住另一片葉子，嫻熟地拉扯扭轉一番，將葉片整個翻轉過來。葉子背面通常扒著許多小蟲、水蛭、螺及甲殼類動物。寶寶們立刻蜂擁而上，不停用力啄，直到吃光葉子上的小東西為止，然後一家子再移師到下一片蓮葉。

牠們剛開始進食，我便意識到水雉媽媽正領著她的寶寶筆直往凱門鱷躲藏的水草走過去，我記起那片水草正是她最愛的獵場，我常看她站在一旁的蓮葉上，將其中一大束形狀像蕨、緊緊纏繞的水草扯出水面，掛在附近蓮花上，好讓寶寶們仔細清除躲在水草中的大量微生物。因為這些日子裡她一直沒讓凱門鱷近身，我便認定她心裡一定有數，早看見鱷魚了。可是這一次不太對勁，儘管她時不時停下腳步四處張望，卻仍一逕帶領寶寶走過去，眼看愈來愈近了。

當時我心裡真是左右為難。我早已下定決心絕不允許那頭凱門鱷吃我的水雉媽媽或水雉寶寶，卻不知道該如何加以干預。肉垂水雉早已習慣人類的聲音，不予理會，所以就算我拍手也沒用！我又無法接近現場，因為那片水草在湖的另一頭，我若繞過去，至少得花十分鐘，此刻她距離凱門鱷卻已不到六公尺，等我抵達，肯定已經太遲。大聲喊？沒用！丟石頭？距離太遠！我只能將眼珠子緊緊貼著望遠鏡，一邊喃喃咒罵，心想倘若那頭鱷魚敢動水雉一家一根羽毛，我發誓一定捉住牠，把牠宰了！我突然想起我的霰彈槍！

距離太遠，我當然不可能射中那頭凱門鱷，等到霰彈射到那一頭，早就散開了，就算幾粒彈丸能射中牠，也傷不了牠，卻可能打死我想拯救的水雉一家。但我猜想水雉媽媽多半從沒聽過槍聲，對空鳴槍，可以嚇她一大跳，讓她趕緊帶寶寶們躲去安全地帶。我衝進茅屋，找到那把獵槍，卻記不得彈藥筒放在哪裡，慌張地找了一、兩分鐘才找到。終於裝填好子彈，又衝回瞭望點，獵槍夾在腋下，槍口對著腳旁的泥巴地，再度拿起望遠鏡，確定是否還來得及行動。

水雉媽媽這時剛踏上最靠近水草堆外圈的蓮葉，寶寶們擠在她身後另一片蓮葉上。我看著她彎身叼起一大串水草，想扯到蓮葉上，就在那一剎那，距離她只剩一公尺的凱門鱷冷不防從花叢和水草堆裡冒出來，頭上還戴著那頂可笑的鮮花帽子，雷霆萬鈞地往前衝；我也在同一時間開了兩槍，只聽見震耳欲聾的槍聲在湖面上迴盪。

到底是我的槍聲救了水雉媽媽，還是她機警過人，我不得而知。在凱門鱷張口咬落的同時，她以超快的速度飛離蓮葉，凱門鱷一口就將那片蓮葉咬成兩半；肉垂水雉從凱門鱷頭上掠過，凱門鱷躍出水面，企圖在空中攫住她（我甚至聽見鱷魚上下顎使勁開闔的聲響）。幸好，水雉媽媽毫髮無傷，尖叫一聲飛走了。

事出突然，水雉媽媽來不及給寶寶下指令，寶寶們蹲在蓮葉上不敢動彈，這時聽見母親尖叫，才像通了電一般，一起跳進水裡。凱門鱷一甩身，朝牠們入水的方向撲過去，但牠們已潛下水去，凱門鱷立刻跟著沉入水中。一陣陣漣漪不斷擴大、消失，水面逐漸恢復平靜。水雉媽媽不斷繞著湖面飛了一圈又一圈，焦急鳴叫，不久便消失在蘆葦叢後。那一整天我沒再看見她，也沒見到那頭凱門鱷。我想像四隻毛茸茸的水雉寶寶在水底下吃力泅游，最後全被凱門鱷吃掉了，整個晚上我都在腦海裡盤算復仇計畫。

隔天早上我繞到蘆葦叢裡，萬分驚喜地找到了水雉媽媽和三隻看起來略顯垂頭喪

氣的水雉寶寶。我到處找第四隻，一直沒找到，顯然凱門鱷還是得逞了。令我驚恐的是，水雉媽媽不但沒因為突擊事件嚇破膽，反而再度領著小寶寶出去踩蓮葉，那一整天我一直觀察她，心裡像有十五個吊桶在打水，七上八下，不得安寧。儘管凱門鱷沒出現，幾個鐘頭下來也實在難熬。到了黃昏，我實在受不了，走到村裡借來一艘獨木舟，請兩位善心的印第安人幫我抬下小湖。一等天黑，便帶著一把高效能手電筒、一根長棍和一段末端打活結的套索，划舟去搜尋凱門鱷。湖雖小，卻花了我一個小時才找到牠；牠浮在一堆蓮花旁的水面上。拿手電筒一照，牠的大眼睛就像紅寶石般熠熠射出紅光。我小心翼翼地靠近，近到可以用套索輕輕套進牠的頭頸部，整個過程中牠只是靜靜躺著，不知是被光照變得目盲，還是被催眠了。然後我將套索突然扯緊，一把將牠不斷拍打扭動的身體抱進獨木舟裡。這下牠可氣壞了，上下顎啪啪啪不停開闔，鼓脹著喉嚨憤怒咆哮。我將牠塞進麻袋裡捆好，隔天帶牠到八公里外的溪流放生。牠一直沒找到路回來，我繼續快樂地住在被水淹沒的溪谷邊緣那棟小茅屋裡，直到我離開為止，每天都安心欣賞我的踩蓮鳥一家，看牠們悠悠閒閒在湖裡覓食，再也不必因為微風一來吹皺一池黃褐色的水面，就得神經緊張，飽受煎熬。

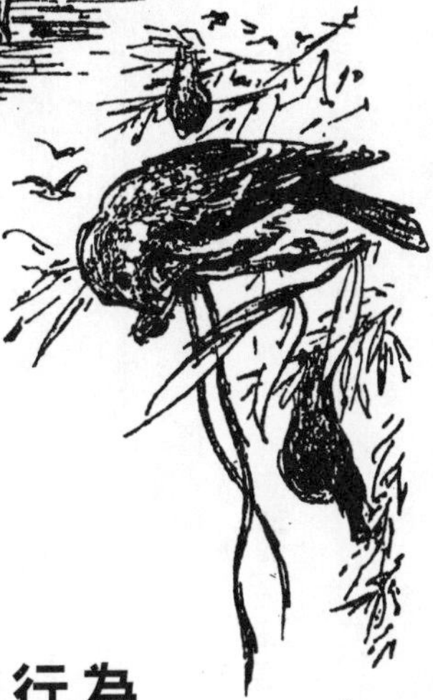

第二部

動物的日常行為

Animals in General

動物如何應付眼前的各種問題以及牠們獨特的行為模式，向來是令我著迷的研究課題。接下來要向各位介紹動物博得配偶芳心、保護自己及建立家園等千奇百怪的方法，令人瞠目結舌。

有些動物的長相醜陋可怕，就像一些外表可怖之人，即便如此，他們也絕非一無可取，總有迷人之處。動物世界最能博取人心之處，莫過於看見某種乏味可厭的動物，突然做出極具魅力的可愛舉動：一隻蠼螋（earwig），像母雞一樣蹲在她的蛋巢上，你若壞心地弄散她的蛋，她會小心翼翼地全撿回來堆好；一隻蜘蛛，正在替女朋友搔癢、搔得她恍恍惚惚之際，未雨綢繆地吐絲將她捆好，免得她在交配後驀然清醒，一口就吞掉牠；一隻海獺，為了想好好睡一覺，將自己綁在一片海帶床上，免得被潮汐或海流推送去太遠的地方。

我還記得小時候住希臘，有一次坐在一條水流遲緩的小溪旁，突然看見一隻昆蟲從水裡爬出來，彷彿剛從外星降落地球的怪物，球一樣的大眼睛，幾根腿像蜘蛛腳，身體卻像長滿環節的蠕蟲，胸部還附生一塊摺疊整齊的怪異突起，彷彿火星人專用的水肺。牠舉步維艱慢慢爬上一根蒲草，行進之間，身體上的水漬逐漸被熾熱的陽光曬乾，然後牠停下來靜止不動，進入精神恍惚的狀態。牠的外表是如此醜惡，令人生厭，我卻看得入迷，因為那時的我對博物學熱情有餘、卻非常無知，事實上我不知道自己在看什麼。突然間，我注意到那隻已被曬乾像粒褐色堅果的怪物，從背部裂開，牠體內彷彿有另一隻動物，掙扎著想出來。時間一分一秒過去，掙扎愈演愈烈，開口也愈裂愈大。終於，怪物體內的動物從牠醜陋外皮裡掙脫出來，虛弱地爬到蒲草梗上，我驚異地發現那是一隻蜻蜓。蜻蜓的翅膀還是溼的，因為這奇異的誕生過程而皺成一團；牠的身體仍然很軟，但在我的注視下，陽光發揮作用，牠的翅膀逐漸變硬變直，質地如雪花般脆弱，紋路如大教堂裡彩色玻璃窗般繁複；接著牠的身體也變硬了，成了燦爛的天藍色。蜻蜓將翅膀轉了幾圈，在陽光下熠熠生輝，然後就搖搖晃晃、不太穩定地飛走了，留下牠過去令人生厭的空殼子，仍緊緊仆在蒲草梗上。

在那以前，我從未目睹過動物的蛻變。我凝視那毫不起眼的殼子，為它曾包藏如此閃亮又美麗的昆蟲而驚異萬分。我對自己發了一個誓，從此絕不再「以貌取動物」。

動物求偶

大部分動物對求偶這件事十分認真。經過長時間演化，牠們吸引心儀雌性的方法五花八門，非常有趣。雄性動物長出各種令人迷惑的羽毛、角、棘刺、鬆垂皮膚，又發展出各種令人驚異的顏色、斑紋與氣味，萬法歸宗，只為覓得良伴。這樣還不夠，有時牠們還會送禮物，為心儀的對象布置花園，或是表演特技、跳舞、唱歌，激起對方的興趣。動物求偶，總是全心全意、澈底投入，如有必要，甚至不惜以死明志。

動物世界裡最能體現伊莉莎白時代浪漫愛情主義的物種，非鳥類莫屬。鳥兒們穿著華麗、擅於舞蹈、姿態優美，而且隨時能來一段古典式清唱，或舉行決鬥，直到一方死亡為止。

名氣最響亮的是天堂鳥（Bird-of-paradise）；牠們穿的求偶服裝不但明豔亮麗，舉世無雙，展示服裝的技術更是一流。

以王風鳥（King bird-of-paradise）為例，我很幸運，曾在巴西一家動物園內目睹一隻王風鳥求偶。那座巨大的戶外鳥籠內種滿花草樹木，籠裡住了三隻王風鳥——兩隻母鳥和一隻公鳥。公鳥體型和烏鶇相近，頭部是絲綢般光滑的橙色，與雪白的胸腹部及猩紅背部形成強烈對比；全身羽毛色澤亮麗，彷彿剛經擦拭，光可鑑人；喙為黃色，腿則是極美的鈷藍色。當時正逢交配季節，他身上的羽毛一側變得特別長，尾巴中間還伸出一對加長的尾羽，長約二十五公分，彷彿兩根細鋼絲，又像鐘錶裡的彈簧，末端韌性極強，繞捲成兩塊小圓盤，閃爍翡翠綠的光芒。陽光照射處，他只需稍稍挪動，全身就會閃閃發光，同時兩根鋼絲尾羽微微顫抖，兩片綠色的小光盤折射陽光，光彩奪目。當時公鳥坐在一根光禿禿的長樹枝上，兩隻母鳥蹲在附近矮叢裡盯著他看。突然間，公鳥膨鬆羽毛，發出一聲介於哀鳴與狗吠間的奇異叫聲，然後靜默一分鐘，似乎在觀察兩隻母鳥對他聲音的反應。只見兩隻母鳥蹲在原處，毫無動靜。接著他快速在枝頭兩度上下晃動，或許想抓住她倆的注意力，再抬高翅膀在背上一陣猛搧，作勢起飛，其實只是盡量展開翅膀，低下頭讓頭藏進羽毛下面。半晌後，他再一次舉起翅膀猛搧，同時突然轉身，看來是希望兩隻母鳥為他雪白的胸毛目眩神迷。

接下來他唱起了歌，如河水般流瀉出一串甜美鶯囀，體側靠近肩部那排長羽毛同時散開，好似一道瀑布，隨著他的歌聲隱約閃動灰白、淺黃與翠綠的光澤。接下來，他舉高短尾，緊貼背部，將兩根鋼絲尾羽捲曲的末端撐到頭後方，兩片翡翠光盤正好吊在鮮黃色鳥喙兩側，一邊一片。他輕輕前後晃動，讓兩片小光盤像鐘擺般左右搖晃，一副在表演拋接戲法的光景。就這樣，公鳥反覆抬頭、低頭，一邊賣力歌唱，一邊不停甩動他那兩片小光盤。

兩隻母鳥依舊不為所動，就像兩名家庭主婦坐定觀看一場昂貴的時裝秀，儘管欣賞展出的幾襲晚禮服，卻很清楚自己肯定買不起。隨後公鳥似乎覺得有必要孤注一擲，驀然轉身，將他猩紅色背部對著母鳥，再往下蹲，喙盡量張大，露出嘴巴內部——一片像剛塗上油漆、光滑又鮮豔的蘋果綠！他就這樣張大嘴站著，居然還能繼續唱歌。唱著唱著，曲近尾聲，光彩耀目的羽毛也逐漸停止顫抖，貼向身軀，但他仍然直挺挺站在枝頭上，瞄了兩隻母鳥一眼。母鳥回瞅他，就像剛看完魔術師變了一個精采的把戲，等著看下一個。公鳥輕輕啁啾幾聲，緊接著再度賣力高歌，同時身體陡然往下一栽，倒掛在樹枝下方，歌聲未歇，接著展開翅膀，在樹枝上頭下腳上地走來走去。其中一隻母鳥對這招特技似乎頗感興趣，首度歪頭狀似不解。但這兩隻母鳥已讓我為之氣結，我在籠外，早已臣服在公鳥的歌聲和羽色魅力之下，我不懂那兩隻母鳥怎能無動於衷。公鳥倒立往前及倒退走了約莫一分鐘，闔上雙翅，身體輕輕搖晃起來，一邊熱情洋溢地唱歌，看起來就像一粒掛在樹枝上鮮紅色的怪異果子，兩根鈷藍色的鳥腿便是果梗，在微風中輕輕晃動。

這時，其中一隻母鳥看得不耐煩了，飛去鳥園另一個角落；另一隻還歪著頭，留下來密切觀察公鳥。公鳥翅膀一拍，瞬間來個鷂子翻身，有點自鳴得意地站定。我心想，難怪你那麼得意呢！興奮地等著進一步發展。公鳥文風不動站直，讓身上的羽毛在陽光下熠熠生輝。毫無疑問，母鳥也興奮起來；她肯定被他精采絕倫的求偶表演迷得神魂顛倒，因為那簡直比一場繽紛絢爛的煙火秀還精采。果不其然，母鳥振翅飛來。我心想，她會去誇獎他、讚美他，下一刻兩隻鳥就要交配了。但出乎意料，母鳥只是飛去公鳥停棲的那根樹枝，叼起一隻在上面漫無目的蝸行的甲蟲，她滿意地乾咳一聲，便啣著甲蟲飛去鳥園的另一角。公鳥膨鬆了羽毛，認命似地開始理毛。我深感那兩隻母鳥真是太狠心了，不然就是完全缺乏藝術細胞，居然對這樣的表演毫無反應。我對公鳥充滿同情，求愛方式如此精采，卻完全落空。但顯然我的同情是多餘的，公鳥得意地尖叫一聲，原來他也找到一隻甲蟲，啣起來在樹枝上猛敲，完全不介意吃了閉門羹。

並非每種鳥都像天堂鳥那般舞技高超，或穿著體面，但是別的鳥追求異性的方式也極富創意，又具魅力，可謂不分軒輊。拿園丁鳥（bower bird）來說吧，我認為園丁鳥的求愛方式令人心花怒放，心情愉悅。比方說緞藍園丁鳥（satin bower bird），公鳥的體型和鶇科鳥差不多，貌不驚人，披一身深藍色羽毛，倘若陽光從某個角度照在他身上，還會發出金屬光芒。簡單來說，公鳥看起來就像個穿著一套舊得發亮的尼龍西裝的男人，你一定會想，母鳥怎麼可能忽略他這副窮酸相而芳心默許呢？可是這公鳥有個本事，他會蓋涼亭！

再一次，我是在動物園裡目睹緞藍園丁鳥如何搭蓋他愛的神殿。他在屬於自己的鳥園中央挑選兩堆草叢，仔細地將兩堆草周圍一大片地清理乾淨，中間還清出一條通道。然後他啣來樹枝、斷繩及乾草，編進草裡，蓋好的建築物看起來像一條甬道。到了這個階段，我才注意到他正在進行一項大工程。他蓋好這座度假小屋後，著手進行室內裝潢。頭一批裝飾品是兩顆空蝸牛殼，下一批是香菸盒裡的銀紙、一段他撿來的毛線、六顆彩石和一根末端黏著一坨密封蠟的繩子。我猜他還希望蒐集更多裝飾品，便替他送去了一些五彩毛線、幾顆彩色貝殼和幾張公車票根。

他非常高興；飛到鳥籠旁，秀氣地從我手裡啣走禮物，跳回自己蓋的涼亭裡著手布置。他先在裝飾品前站定，深深凝望一分鐘，再跳上前去將一張公車票根或一段毛線移到他眼中更富藝術感的位置上。等到涼亭正式峻工，看起來的確迷人又花俏，他站在涼亭前理毛，一次只伸出一根翅膀，彷彿在驕傲地介紹自己的作品。他接著低頭在隧道裡穿梭進出，再為兩粒貝殼調個位置後，又伸展起翅膀擺姿勢。他蓋涼亭真的很辛苦，但我為他感到遺憾，因為他的努力全是白費工夫；他的伴侶前段時間死了，現在只和幾隻呱噪不休的燕雀合住在這間鳥籠裡，而室友們對他的建築天分和私人珍藏展示毫無興趣。

在野外，緞藍園丁鳥是少數懂得使用工具的鳥類之一。有時牠們會用帶纖維的物件去沾附顏色鮮豔的莓果或溼潤的木炭，再拿來替像樹枝這類涼亭建材上色。很不幸，等我想起緞藍園丁鳥這個習性，並計畫送一罐藍色油漆和一段舊麻繩給他的時候，他的建築熱情已經冷卻了，即使我獻上一整套印有歷代士兵制服的香菸卡片，都不再能燃起他的興致。

另一種園丁鳥搭蓋的建築物更驚人；牠們會在兩棵樹中間堆樹枝，高達一百二十至一百八十公分，再搬來蔓藤做屋頂，蓋在上面。亭子裡仔細鋪滿青苔，外面呢——顯然這種園丁鳥交際手段老練，品味高級！——必須用蘭花裝飾。他啣來青苔在涼亭前鋪一張床，上面放滿他所能找來顏色最鮮豔的花朵及莓果。因為他極挑剔，所以每天都得更新裝飾品，不新鮮的淘汰品全小心翼翼堆在涼亭後看不見的地方。

哺乳動物不會像鳥類這樣展示。一般來說，哺乳動物面對愛情的態度比較實際，可謂相當「現代化」。

我在惠普斯奈動物園工作時，曾目睹兩頭老虎的求偶過程。那頭母老虎平時表現得奴顏婢膝，只要伴侶輕輕哼一聲，立刻變得畏首畏尾。一等她發情，態度卻立時一百八十度大轉變，變得狡滑又危險，懂得充分掌握自己的吸引力，十足吊胃口。才過一個早上，那頭公老虎已經變得可憐兮兮、肚子貼地跟在她後面，鼻子上還劃了幾道血淋淋的大口子，全拜她的反手巴掌所賜。每次他斗膽造次，貼得太近，立刻就挨她一巴掌。他若生氣了，走到矮叢旁躺下，母老虎又跑回他身邊，喉嚨呼嚕呼嚕響，在他身上蹭來蹭去，直到他起身，繼續跟在她後面，愈跟愈近、愈跟愈近，近到再挨她一巴掌。

終於，母老虎領著公老虎走到一片草長得很高的小谷地裡。她在那兒躺下，綠眸半睜半閉，低聲呼嚕自言自語，尾巴最後一截就像一隻黑白相間的熊蜂在草叢間抽搐。逗引那隻神魂顛倒的可憐公老虎，讓他像隻小貓咪，張著巨掌輕輕拍撫。等母老虎勾引伎倆玩夠了，才終於在草叢裡趴下，嗚嗚怪叫出聲。公老虎以隆隆的喉音回應，朝她逼近。她又叫一聲，頭抬高；公老虎溫柔地咬住她後仰的頸子，他巨大的尖牙來回輕輕啃嚙；母老虎再叫一聲，是一種對自己極滿意的哼聲，隨後兩個布滿條紋的巨大身軀便在綠色草叢中融為一體。

並不是所有的哺乳動物都像老虎那般迷人，色彩豔麗；但是不打緊，大部分哺乳動物都肌肉發達，可以運用我們石器時代老祖宗的策略去「搶」伴侶。比方說，河

馬。當你看到這種胖嘟嘟的動物躺在水裡，一雙鼓突的眼睛天真無邪瞪著你，時不時慵懶又得意地嘆氣，你可能很難想像當牠們在選擇伴侶時，會變得瘋狂暴怒、凶狠殘酷；但要是你看過河馬打呵欠，露出下顎四根又彎又粗、鋒利無比的長牙（還有兩根向外戳的釘狀牙隱藏其中），就不難想像河馬的殺傷力有多大。

我去西非蒐集動物時，有一次在河邊紮營，那條河裡住了一群河馬，族群數量中等。牠們看起來一臉滿足，保持溫和，每次我們划獨木舟去上游或下游，牠們總會跟蹤我們一段距離，愈游愈近，一邊極感興趣地打量我們，一邊搖耳朵，偶爾從鼻孔裡噴出一大片霧氣。據我了解，那群河馬裡有四頭母河馬，一頭巨大的老公河馬，和一頭年輕的公河馬；其中一頭母河馬還帶著一頭已經長得又肥又大、卻總要媽媽揹在背上的小河馬。就像我剛才說的，牠們看起來像個和樂的大家庭。可是有天傍晚周遭已經暗了下來，那群河馬突然同時發出一連串咆哮和驢鳴，好似一群神經錯亂的驢子在大合唱，叫聲不時乍停，沉寂半晌，只偶爾聽見一聲鼻息，或一聲拍水聲。隨著天色漸黑，河馬群愈鬧愈凶，我意識到那一晚我別想睡了，乾脆划獨木舟去下游一探究竟。我慢慢划到距離營地約兩百公尺的河道彎處，褐色的水面將河岸切鑿出一道深池，並在岸邊堆出一片半月型、夜裡仍閃閃發光的白沙灘。我知道那群河馬喜歡在那片白沙灘上消磨時間，而且叫聲就是從那個方向傳來的。我心想肯定出了狀況，因為通常晚上這時間，河馬早已陸續從河裡走出來，搖擺肥大的身軀沿河岸長途跋涉，然後闖進某個倒楣農夫的田裡大吃一頓。可是那天晚上早已過了進食時間，牠們卻還待在深水池裡。我將獨木舟推上沙灘，走了一段路，挑選一個視線最佳的地點坐下。我一點都不擔心發出聲響被河馬發現，因為從水池裡傳出的咆哮聲、嘯吼聲及擊水聲震耳欲聾，早已蓋過我踩在沙石上的腳步聲。

起先我什麼都看不清楚，只偶爾瞥見一道白色，那是河馬在水裡翻滾所攪起的泡沫。後來月亮升起，在皓皓月光下，我才看見原來母河馬和小河馬全擠在水池一邊，伸出水面的頭在夜色裡閃閃發光，耳朵不停扭動，時不時一起張開嘴，彷彿古希臘悲劇裡的歌隊轤鳴一陣。牠們正興致勃勃地觀看水池中央淺水區裡的老公河馬和年輕公河馬。水面只到這兩頭公河馬肚子的高度，牠倆就像全身剛抹了油似的，酒桶狀的龐大身軀及下巴底一圈圈的肥油全在閃閃發光。兩頭公河馬面對面低著頭，像兩臺蒸汽火車頭互相噴氣。猝不及防間，年輕河馬仰頭張大嘴，發出長長一聲令人毛骨悚然的驢鳴，還沒叫完，老河馬也張大嘴朝牠衝過去，雖然身體笨重，速度卻驚人無比。年輕河馬速度更快，倏地往旁邊一閃。老河馬巨大的身軀像艘畸型戰艦，撞得水花四濺，但衝得太快，剎不住車。年輕河馬在牠擦身之際，張開巨顎，扭頭往牠肩頭狠狠咬一口。老河馬急轉彎，再次發動攻擊，就在牠快撞到對手那一刻，月亮居然躲進了雲裡。等月亮露臉，兩頭公河馬再度對峙，低頭互噴鼻息，姿勢和我剛抵達時一模一樣。

我坐在沙岸上看那兩頭圓滾滾的巨獸在淺水裡翻沙倒水決戰兩個鐘頭，以我看來，老河馬輸得很慘，我替牠難過。就像一位曾經輝煌的拳擊手，現在變得肌肉鬆弛、身體僵硬，老河馬似乎明白自己輸定了，卻非戰不可。相較之下，年輕河馬輕巧敏捷，老河馬每次攻擊牠都能躲過，而且牠每次張嘴咬，都能在老河馬的肩頭或脖子上留下可怕的齒痕。母河馬全站在後方當觀眾，搖著耳朵像打旗語似的，偶爾傷感地合唱一段，彷彿在替老公河馬的困境悲鳴，也像為年輕公河馬的勝利助興，不過最有可能的是看決鬥令牠們興奮。後來我意識到那場鏖戰至少還會延續數小時，便划獨木舟返回村裡上床睡覺。

醒來時，天際剛泛白，河馬群靜悄悄，顯然決鬥已告終。我希望老河馬贏，卻明白那不太可能。過了一陣子，我僱用的一名獵人帶來決戰結果，他說老公河馬的屍體在下游約三公里處被發現，隨河水推送，最後卡在沙洲一個凹洞裡。我跟去查看，年輕公河馬的利齒對那具龐大屍體造成的破壞令人震驚；牠的肩膀、脖子、下巴掛的鬆皮、肚子兩側，全被撕扯成條狀，屍體周圍的河水仍是紅色的。整個村子都跟來了；從天上掉下來這麼一大塊肉，今天對他們來說可是個大喜之日。村民安安靜靜、興趣盎然地看我檢查屍體，一等我檢查完走開，立刻像一群螞蟻撲上屍體，一邊尖叫、一邊推擠，紛紛拿出小刀和彎刀用力割砍。看著老河馬的屍首被一群飢民分解，我突然覺得為愛付出這麼高的代價，未免太昂貴了。

人類喜歡以「熱血沸騰」形容特別浪漫的同類；但在動物世界，求偶展示格外精采的表演者，卻多半是冷血動物。鱷魚平常整天躺在沙岸上，臉上是彷彿凍結了的撒旦式微笑，眨也不眨的眼睛冷冷旁觀熙來攘往的河流浮世繪。你可能認定鱷魚也是冷血的情人，然而若碰對了時間地點及尤物，公鱷魚會為了博取對方的青睞而大打出手，在水裡翻來滾去，又咬又甩。待勝負揭曉後，贏家會在水面上表演奇異的凱旋舞，將頭及尾巴翹出水面，同時咆哮著霧角般的高亢聲音，顯然這便是爬蟲類的老式華爾茲。

水生龜鱉則是「男人不壞，女人不愛」那派思想的代表動物。有一種鱉，雄性的前爪特別長，他游啊游，看見一隻順眼的雌鱉，便用頭去拱她、趕她，接著伸出長而尖利的指甲輕微搧拍她，動作之快，只見爪子幻化成一片疊影。但雌鱉似乎並不在乎如此纏人的動作，反而顯得樂在其中。即使如此，就連雌鱉也不能在雄鱉一表示好感便輕易屈服，好歹得故作矜持一番，即使抵抗短短一段時間也好，於是她掙脫，繼續在水裡游泳。雄鱉這時交配慾望愈發強烈，精神幾近狂亂，追上去用頭頂她，將她逼到河岸邊，又輕微搧拍她。如此來回幾次，雌鱉才答應跟他回家。不管你對這種爬蟲類有何評語，有一點無庸置疑，雄鱉絕不偽善，光說不練；他有始有終。雌鱉似乎也不在意這種亂無章法的死纏爛打求偶法，反而覺得雄鱉很有創意，被他騷擾得很開心。個體的喜好完全不可理喻——人類世界亦然。

無論如何，談到面對愛情手法的多樣性及原創性，我認為冠軍獎盃非頒給昆蟲不可。

好比螳螂——提醒各位，你只要看螳螂的臉一眼，對於牠們私下的任何表現應該都不會太吃驚。小頭，以及一張幾乎全被一對鼓突大眼占據、小而尖的三角臉，最下面是兩撇不住抖動的小鬍子。那對眼睛是淡淡的稻草色、溼溼的、裡面有兩條貓眼般的瞳孔，十足是狂人的眼睛。螳螂總將一對長滿倒刺的巨大前腿合抱胸前，就像偽善者隨時都合掌祈禱，其實正準備彈出可怕的凶器，夾死受害者，簡直就像一對緊緊擁抱敵人的鋸齒大剪刀。螳螂另一個教人備感不適的習性，是牠們觀看的模樣，因為螳螂轉頭的方式像極了人類，當牠迷惑時，小尖臉會往旁邊一歪，那對瘋狂的眼睛依舊瞪著你。你若走在牠後面，牠會扭過頭來擺出一副令人生厭的「我等著你！」的神情瞅著你。我感覺這世上應該只有雄螳螂才會覺得雌螳螂有吸引力。你以為他有點腦筋，不輕易信任那副冷血模樣的新娘，但他就是沒腦筋！我曾經看過一隻雄螳螂，被愛沖昏頭，熱情奔放地緊抱著雌螳螂。兩隻還在結合的片刻，只見新娘溫柔地回過頭，吃起了新郎，臉上洋溢著饕客滿意的表情，深深凝望仍緊抱住自己的無頭屍體，每品嚐一口油亮亮的珍饈，臉上的小鬍子就隨之顫抖。

母蜘蛛也不太合群，也有這種喜歡吃另一半的習慣，因此公蜘蛛想爬上母蜘蛛的網，如臨深淵，如履薄冰！倘若正好碰上她肚子餓，那麼他連開口求婚的機會都沒有，立時就被蛛絲兜住捆成一團，好讓蜘蛛女慢慢吸乾他的體液。有一種蜘蛛的雄性想出辦法，先安全接近母蜘蛛，近到可以搔她癢、替她按摩，等她心情變好，就會忘記吃他。他會先送她一份禮物，譬如一隻用蛛絲仔細包好的麗蠅，趁她忙著大啖麗蠅，他趕緊溜到她身後，伸出腿輕輕幫她按摩，弄得她恍恍惚惚，生米煮成熟飯。儘管有些新郎得以脫逃，但大部分都在蜜月結束前被吃掉。顯然想獲得母蜘蛛的心，非得先餵飽她的胃不可。

另一種蜘蛛的雄性演化出更聰明的辦法，可以制服悍婦。接近她之後，先行禮如儀用腳替她按摩，等到母蜘蛛也行禮如儀進入被催眠狀態後，公蜘蛛會快速吐出一段粗蛛絲將她捆在地上，那麼當她在新婚床上清醒過來時，會發現她不能立刻將新郎當早餐吃掉，必須先替自己鬆綁；這項工作繁瑣費時，但往往救了新郎一命。

其實，要是你想一窺最具異國情調的浪漫史，不需遠赴熱帶叢林，只要走進自家後院，慢慢接近普通蝸牛即可。在這裡，你將親身經歷有如現代小說一般複雜的情節。由於蝸牛雌雄同體，所以每一隻蝸牛都可以同時享受兩性在求偶期的不同快感。蝸牛除了有雙重性別，還擁有一種更特別的器官：牠們體內有一個小袋，這個小袋可以製造一種由碳酸鹽構成的管狀細針，又稱「愛情之鏢」(love-dart)。當一隻既是雄性、也是雌性的蝸牛，爬到另一隻既是雄性、也是雌性的蝸牛身旁，牠們會展開世上最奇特的求偶過程，耽溺其中；牠們會以愛情之鏢互刺，快速且深深陷入對方體內。不過這種互刺的行動並非決鬥，實際上也不痛，反而似乎能帶給蝸牛某種快感，也許是一種奇異的搔癢感吧。無論如何，互刺一鏢能激發兩隻蝸牛的熱情，完成交配這項棘手任務。我不擅園藝，但我若經常蒔花弄草，肯定會對蝸牛特別心軟，不在意花草被牠們吃掉。依我看來，居然有一種動物能開除愛神邱比特，自己就配帶滿滿一袋魔箭！為這種動物犧牲幾顆枯燥乏味的無性包心菜又算得了什麼呢？花園裡若有蝸牛，我深感榮幸。

動物建築師

不久前，我收到一位住印度的朋友寄來的包裹，盒裡附了一張紙條，上面寫著：「我打賭你不知道這是什麼！」我非常好奇地掀開包裝紙，看見下面擺著兩片被縫在一起的大樹葉，縫線歪歪扭扭，技術不太純熟。

我朋友輸了。我一看見那幾道粗糙的縫線，立刻明白那是縫葉鶯（tailor bird）的作品；那正是我仰慕已久、渴望見到的一種鳥。那兩片葉子長約十五公分，形狀有點像月桂葉，只有葉緣被縫起來，形成一個尖尖的袋子。袋子裡包著一個由草和青苔精巧製作的巢，巢裡躺著兩粒小型的蛋。縫葉鶯是一種小型鳥，體型和山雀差不多，但喙很長；那根長喙就是牠的針。當牠找到兩片長在一起、牠也中意的葉子，就會用細綿線將兩片葉子縫起來。稀奇的並非縫葉鶯會縫葉子，而是沒人知道縫葉鶯使用的線是從哪裡找來的。有些專家堅稱縫葉鶯會自行絞綿線，有些專家則說縫葉鶯有祕密供應管道，至今沒被發現。我前面說過，縫葉鶯的縫線間隔大，也不太美觀，但話說回來，又有多少動物能夠以喙代針，成功縫起兩片葉子來呢？

動物世界裡的建築師形形色色，有些動物對於該如何建構一個適當的住處毫無概念，有些動物卻能建造出極複雜又可愛的住宅。更奇怪的是，即使是親緣關係很近的動物，對於選擇住家的風格、位置、大小及建材，以至品味標準有時也南轅北轍。

我們可以在鳥類世界裡發現大小、形狀各異的住家，從縫葉鶯以葉子縫製而成的搖籃，到完全放棄築巢的皇帝企鵝——牠們除了冰和雪，沒有別的建材可用；皇帝企鵝乾脆將他的蛋放在一雙又大又扁的腳上，讓肚子下方由鬆皮及羽毛形成的口袋來護蛋；製造燕窩的雨燕（swift）則用口水沾細枝黏在洞穴牆上。不同種的非洲織巢鳥（weaver-bird）所織出來的巢，式樣五花八門，令人迷惑；還有一種織巢鳥會組織公社，社群合力織出的大巢有半個稻草堆這麼大，彷彿公寓大樓，每隻鳥在大巢裡都有屬於自己的巢洞。有時你會在這種巨巢內發現一批奇奇怪怪的房客，即非法居民。像是蛇，特別喜歡這種巨巢，獴猴與松鼠也喜歡。如果將這樣的巨巢支解開來，你可能會發現許多不同種的室友。難怪很多樹到頭來因為無法承受這種巨無霸鳥巢的重量而

傾倒。西非織巢鳥所織的巢為正圓型，像一只棕櫚葉編織的草籃。牠們也會形成大型社區，於是在同一棵樹上，每根堪用的樹枝都掛滿鳥巢，彷彿長滿一樹怪異的果子。這些鳴聲尖銳、聰明伶俐的屋主，便以最人性化的方式忙進忙出過生活，求偶、孵蛋、餵養小鳥、找鄰居拌嘴吵架，和人類社會的國宅一模一樣。

為了築巢，織巢鳥不但擅長編織，還特別會打結，因為牠們必須將鳥巢牢牢繫在樹枝上。你若不使盡全力，通常扯不下來。我曾經目睹一隻織巢鳥開始織一個巢，過程非常有意思。這隻公鳥決定將巢掛在一根高度居中的細枝末梢，用喙啣了一根棕櫚葉飛過來，停在樹梢上。牠一停下來，那根細枝立刻搖晃起來，迫使牠不停拍翅膀保持平衡。等牠終於站穩了，便開始表演拋接雜耍，直到牠咬住那根棕櫚葉的中間處；接著牠努力想將葉子掛在細枝上，讓葉子對折的那個環掛在樹枝一邊，兩根葉梢垂在另一邊；牠在忙碌不休的過程中，那根細樹枝仍不停晃動，棕櫚葉因此兩度掉落，牠只好飛到地上撿了兩次。終於，棕櫚葉掛到細枝上某個牠滿意的位置，接下來便以一隻腳踩住棕櫚葉固定它，再岌岌可危地往前傾，去啣住兩根下垂的葉梢，穿過掛在樹枝另一邊的環，再用力扯緊這個結。打好結後，牠又飛出去啣了一根棕櫚葉回來，如此不斷重複，忙活一整天，到傍晚時分已在同一根樹枝上掛了二、三十根棕櫚葉，垂下來的一堆葉梢像極了一大把鬍鬚。

很不幸，我錯過了接下來的築巢階段，等我再看見那鳥巢，它已空空如也，想必那隻鳥已將小鳥養大，飛走了。那個巢的形狀像水壺，圓形的入口很小，入口前加了一塊由棕櫚纖維編成的防護門廊。我本來想扯下那個巢，後來發現根本不可能，只好扯下整根樹枝。我本想把巢撕成兩半，檢查內部，但棕櫚纖維環環相扣、層層交織，我花了很長的時間、使盡力氣才掰動它。試想這隻鳥只憑一張喙和兩隻腳，就織出了如此堅固的巢，實在偉大。

四年前我去阿根廷，發現彭巴草原上每一根樹樁或欄杆立柱頂端都裝飾了一粒像足球那麼大的陶土球。起先我以為是白蟻窩，畢竟白蟻窩已經融入西非風景，隨處可見。直到有一天我看見一隻圓圓胖胖的鳥——體型和知更鳥差不多，赤褐色的背與灰胸——站在一粒這樣的圓球上，才豁然明瞭那是棕灶鳥（oven-bird）築的巢。

找到一個空巢之後，我立刻小心翼翼切開它，隨即對它內部高明的結構佩服得五體投地。巢是泥做的，同時和入乾草、根及毛髮碎片，達到強化作用；巢的外表粗糙，未經加工（形同沒粉刷），內部卻經過擦拭，摸起來平滑像玻璃。入口是個拱形小門，有點像一扇教堂門，門後銜接一道沿巢外圍迂迴的狹窄走道，最後通往中央的圓形巢室，室內鋪了厚厚一層柔軟的樹根及羽毛；整個巢其實就像一只蝸牛殼。

我仔細搜尋整個區域，仍然找不到剛開工的巢，因為那時繁殖季已過了一半。所幸我還是找到一個工程進行到一半的巢。灶鳥在阿根廷分布普遍，牠們的動作和喜歡歪著頭以烏亮的眼睛盯著你看的神情，都讓我想起家鄉的知更鳥。只要我和牠們保持三、四公尺的距離，築巢的那對鳥並不介意我待在附近，雖然偶爾會飛過來歪著頭仔細打量我一番，卻很快又拍拍翅膀，彷彿聳聳肩，飛回去繼續築巢。剛提到的巢已經蓋了一半，基部牢牢黏在木樁頂端，外牆和走道的牆也蓋了約十公分高，只剩下圓頂了。

最近能找到稀泥的地方，在距離不到一公里的一座淺潟湖邊。這對灶鳥會先沿著水邊跳來跳去，每隔約一公尺便以自負又挑剔的態度測試泥巴——泥巴黏稠度必須合乎精確的標準！一旦找到合適的區塊，牠們會極興奮地在那區塊附近跳來跳去，反覆叼起小草根和碎草葉，塞得滿嘴都是，就像突然長出一大把海象鬍鬚，然後啣著一整喙的強化鞏固材料飛到那片泥地旁，極富技巧地拋接一番，不掉一片草，卻又撿起一大團泥，再用喙做出一種奇怪的動作，將兩種不同的物質揉搓在一起；這時牠們的海象鬍鬚會變得濕漉漉的，髒兮兮且沾滿泥巴。接著牠倆會發出模糊不清、勝利的吱吱叫聲，飛回巢裡，將那團混合物放到適當的位置上，再用喙去啄、用腳去踩和壓，將泥團牢牢黏到牆上；最後一起進巢，將那一塊的內側磨平，用喙、用胸、甚至用翅膀側邊，一直擦拭到閃亮為止。

等到只剩下屋頂一小部分仍待完成的階段，我帶一堆鮮紅色的碎毛線去潟湖邊緣，灑在灶鶯蒐集建材的那片泥地上。等我再去看的時候，高興地發現紅毛線全被牠們撿走了。一隻赤褐色的小鳥，長了一撮鮮紅色的鬍鬚，效果驚人！牠倆將毛線加進鳥巢最後一部分，我想那可能是阿根廷境內整個彭巴大草原上唯一一座升了一面小紅旗（但降半旗）的灶鳥巢！

要說灶鳥是建築大師，所建的巢堅實牢固，絕非拿槌子猛搥幾下就能摧毀，那麼鴿子家族的成員就是另一個極端；牠們對於何謂正確的築巢法毫無概念。在一根大樹枝上擺四、五根小枯枝，一般鴿子認為這樣就算是結構複雜的建築了。牠們會在這片脆弱的平臺上生兩顆蛋。每當樹被風吹得輕輕搖擺，愚蠢的鴿巢就會跟著搖晃一陣，蛋幾乎要掉出去。居然有鴿子能夠長大，我認為其實是個謎。

我老早知道鴿子笨，而且是效率很低的建築工人，但直到遠赴阿根廷，我才了解鴿巢還會對研究博物學的人造成威脅。我在布宜諾斯艾利斯城外的一條河旁發現一片樹林，樹的高度平均只有九公尺，但每棵樹上都有三到四十個鴿巢，稱得上是超大的鴿子族群。當你從樹下走過，可以透過樹枝間的縫隙，看見胡亂堆置其間的枯枝、幼鴿的肥肚子及發光的鴿蛋。每樣東西看起來都岌岌可危，讓我不時想踮起腳尖走路，深怕我的腳步會震垮那些鴿巢。

在那片樹林中央，有一棵樹上的鴿巢擠得密密麻麻，怪的是一隻鴿子也沒有。那棵樹的樹頂上還塞了一大團枯枝和樹葉，顯然也是個巢，卻絕不是鴿巢。我忍不住想，是那一大團亂蓬蓬枝葉的主人逼走鴿子了嗎？我決定一探究竟，爬上樹去看看那個巢的主人在不在家。等開始往上爬，立刻意識到這是個餿主意，因為幾乎每個鴿巢裡都有蛋；我每一個往上攀爬的動作，都引發一陣鴿蛋土石流，砸到我身上裂開，蛋黃和碎蛋殼全沾在我的外套和長褲上，滿身都是。我並不在意身上沾了破蛋，問題是這些蛋全發臭了，所以等我終於大汗淋漓爬到樹頂上，身上的氣味已介於製革廠及汙水處理場之間。更糟糕的是，我發現我想看的那個巢主人也不在家，所以我費了那麼大工夫，除了沾黏一身臭蛋和散發出連臭鼬都會嫉妒的臭味之外，一無所獲。我艱難地慢慢爬下樹，非常盼望腳踩到地的片刻，可以趕快抽根菸抵擋熏鼻的蛋味。樹下此刻已覆滿摔破的蛋，還極有品味地散落幾具發育不全、早已腐爛的雛鳥屍體。我快步走出樹林，鬆了一口氣，趕快坐定掏口袋，卻抽出一盒還在滴蛋汁的香菸。顯然在我爬樹的當下，一粒蛋正巧掉進我口袋裡，被擠破了。我的菸毀了，不但沒菸抽，還得繼續吸著身上的臭蛋味，一副剛參加炒蛋比賽吃了敗仗似地走上三公里的路才回到家。那次經驗後，從此我再沒喜歡過鴿子。

一般來說，哺乳動物的建築成就比不上鳥類，不過有幾種哺乳動物卻是建築專家。比方說，獾（badger）；獾挖掘的地道極為複雜，有些洞穴世代相傳，不斷擴建，直到整個巢穴像錯綜複雜的地下網路，有地道、死路、臥室、育嬰室，還有餵養房。河狸（beaver）也是建築大師，會將牠的木屋一半蓋在水上，一半蓋在水下，再以厚厚的泥牆及木頭密密圍住，出入口開在水下，這麼一來，就算湖面結冰，牠還是能自由進出。河狸也會挖運河，倘若牠想咬斷離家稍遠的樹當食物，或是用來修理堤壩，便可利用自己挖的運河將斷木運輸到家門前。河狸蓋的水壩絕對是建築傑作，有時長達數百公尺，非常巨大，從頭到尾由木頭及泥土緊密結合。堤壩一旦出現缺口，河狸會立刻趕去修補，因為河狸害怕水排走後，牠木屋的出入口會露出水面，容易遭路過的掠食動物襲擊。河狸會蓋木屋、修水壩、挖運河，你一定認為河狸是智商極高、精明能幹的動物吧？可惜事實並非如此。顯然想建水壩的欲望是任何一頭河狸都無法抵抗或壓抑的衝動，是否有必要，與牠無關。即使是被養在大型水泥池內的河狸，也會正經八百、有條不紊地在池子中間造一道堤壩，去攔阻那永遠不會變位的人工池水。

當然，動物世界裡首屈一指的建築大師，毫無疑問當屬昆蟲。我們只需拿個蜂窩來研究便知，從數學的角度來看，蜂窩的構造既精確又優雅。昆蟲能建造出驚人的家園，而且選用的建材豐富多樣——木頭、紙、蠟、泥土、絲、沙，就和牠們的設計一樣變化多端。我童年時住希臘，經常花數個小時沿長滿青苔的堤岸搜尋螲蟷（trap-door spider）的巢穴，那可真是世上最美、又最令人驚異的動物建築。螲蟷看起來像是巧克力做的，全身光亮；就算伸直腳，直徑也不到三公分。牠身體肥胖，腿很短，看那副長相，你絕對不會將牠與精緻的工程聯想在一起。然而這種看起來笨拙的蜘蛛，卻能在堤岸上鑿一個深達十五公分、直徑約二．五公分的井穴，再將整個井穴內部精心襯裡，完成的作品彷彿一根絲製的管子。接著牠會製造最重要的部分：陷阱門。這扇門是圓的，邊緣平滑且呈斜角，可以緊緊扣在井口上，然後用蛛絲製成絞鏈銜接，門外覆以青苔，作為掩護。門一旦闔上，便與周遭地面融為一體，無法分辨。若主人不在家，你一開門，便可看見門的背面分布在那層蛛絲襯裡中的許多黑色小孔。這些小孔等於是蜘蛛的把手，讓牠可以用爪子牢牢關緊門，抵擋入侵者。可能只有公的蝰蟷不會同意它很美，因為一旦牠掀開那道門，爬下那道由絲做成的井穴，那將是牠愛的甬道，更是牠死亡的甬道。等牠進入黑暗的井穴深處與母蛛交配後，立刻就會被對方吃掉。

我與動物建築師最早的接觸，發生在我十歲的時候。那時我對淡水生物極感興趣，大部分空閒時間都站在池塘或溪流裡捕捉微生物，帶回家放在果醬瓶裡飼養。我在臥室裡放了一堆果醬瓶，其中一瓶養了一堆石蠶蛾（caddis）的幼蟲。這些長得像毛蟲的奇怪小蟲會吐絲製作蟲巢，然後住在裡面，巢的一端還有個開口。牠們會蒐集材料裝飾殼面，作為偽裝。我養的那批石蠶蛾幼蟲是在一池死水裡找到的，牠們稍顯乏味，只用些枯萎的水草碎片來裝飾牠們的外殼。

朋友告訴我：「倘若你將石蠶蛾幼蟲從牠們的巢裡挑出來，放進乾淨的水裡，牠們會再織一個巢，而且用你提供的材料裝飾。」我有點懷疑這個說法，但仍決定進行實驗。我選了四個蟲巢，小心挑出石蠶蛾幼蟲，牠們很生氣地扭來扭去。接著我將牠們放進一個裝了乾淨水的瓶子裡，在瓶底灑一把漂白的細貝殼。結果令我既驚訝又高興，完全和朋友說得一樣。等那些幼蟲完工之後，新做的巢看起來就像掐絲貝殼。

我變得非常投入，讓可憐的石蠶蛾幼蟲不得安寧，時不時便逼迫牠們製造新巢，並提供愈來愈荒誕的裝飾材料。我的實驗因為一項新發現而達到高潮：如果將造巢工程進行到一半的幼蟲搬到另一個裝了不同材質的瓶子裡，牠們會製造出具斑駁感的雜色巢。於是我獲得一些怪異的實驗成果。比方說，有個巢一半是各形各色的貝殼，另一半卻是碎木炭；我最大的勝利，是強迫三隻石蠶蛾幼蟲分別拿藍色碎玻璃、紅色碎磚及白色貝殼來裝飾牠們的巢。更精采的是，這三種材質各自形成一條紋路——我承認那些橫紋的呈現稱不上完美，但是條條分明！

後來我擁有許多令我自豪的動物，但再也沒有經歷過當時在朋友面前炫耀紅白藍三色石蠶蛾幼蟲的那種得意之情。我猜想當那些幼蟲終於孵化為成蟲飛走之後，肯定喜出望外，因為牠們終於可以擺脫做巢這煩人的任務了。

動物的戰爭

我還記得有一次，我躺在希臘陽光滿溢的山坡上，一片長滿虬曲橄欖樹與桃金孃的山坡，凝神觀看距離我腳邊一、兩公尺正在進行的一場浴血苦戰。我有幸擔任那場戰役的戰地記者，餘生再也無緣目睹足堪比擬的慘烈戰爭場面；如此難能可貴的機會，我真願意放棄一切去爭取。

對峙兩軍都是螞蟻。發動攻擊的蟻兵紅得發亮，保衛家園的軍隊則烏黑如煤炭。要不是某天我注意到有個螞蟻窩非常怪，可能就會錯過那場戰爭了。我發現的蟻窩裡住了兩種螞蟻，一紅一黑，牠們共同生活在一起，似乎相親相愛。我從來沒看過兩種不同的螞蟻住在同一個窩裡，便花了點時間查資料，後來發現紅螞蟻才是螞蟻窩真正的主子，牠們的名號響亮，稱為「血紅蓄奴蟻」（blood-red slave-makers）。黑螞蟻是牠們的奴隸，還是卵的階段便被劫來，被迫居住在紅螞蟻窩裡任憑使喚。我從書上得知蓄奴蟻的相關習性後，便經常去觀察那個蟻窩，希望目睹牠們綁架奴隸的突擊行動。幾個月過去，我漸漸覺得要不是這批蓄奴蟻很懶，就是牠們的奴隸數量充足，生活安逸。

蓄奴蟻的城堡建在一棵橄欖樹的樹根附近，往下坡走約十公尺便是黑螞蟻窩。有天早上我經過黑蟻窩時，注意到幾隻蓄奴蟻正在附近徘徊，便停下腳步觀察。紅蟻數量約三、四十隻，分散在一大片區域內，看起來不像在覓食，不若平常那副忙著找東西的模樣，只是漫無目的兜圈子，偶爾爬到草葉頂端，若有所思地停在上面舞動觸角。時不時兩隻紅螞蟻會聚在一起，站著不動，顯然在進行重要會商，兩對觸角碰來碰去，不停扭動。我觀察很長一段時間，才驀然意識到這批紅螞蟻真正的意圖；牠們並非漫無目的亂逛，而是像一群前來偵察的獵犬，鉅細靡遺調查主要部隊即將越過的每一寸地形。黑蟻群的焦慮不安顯而易見；偶爾一隻黑蟻撞上一隻紅蟻，立即夾著尾巴奔回巢中，加入一撮撮正在聚會的同胞，顯然正在開備戰會議。蓄奴蟻偵察部隊前來調查地形的行動謹小慎微，足足進行兩天，我幾乎懷疑牠們已然評估黑蟻的城市太難攻陷。沒想到隔天早晨我抵達時，戰爭已經開始。

四、五排紅蟻士兵由偵察部隊陪同，逼近黑蟻窩，並在不到一公尺外引發小型衝突。無數黑蟻發狂似地撲向紅蟻，卻無法阻擋紅蟻緩慢穩定的前進速度。紅蟻不時抱住黑蟻，張開巨顎，凶殘野蠻、乾淨俐落地一口咬穿黑蟻的頭或胸部。

山坡上，蓄奴蟻的主要部隊正往下坡移動，僅一小時，便距離黑蟻窩不到一．五公尺。牠們在那兒以令我折服的精練軍事陣容，兵分三路，中央一路直搗蟻窩，另外兩路岔開，往蟻窩左右兩側包抄夾攻。我看得目瞪口呆，覺得自己彷彿正被某種神力送上高空，俯視遠古戰場上某一場著名戰役——例如滑鐵盧戰役，一眼看清攻守雙方的動向及意圖；我看到蓄奴蟻的三路支援部隊迅速穿越草葉叢林，繞道包抄的兩路部隊距離黑蟻窩愈來愈近，懵懂無知的黑蟻卻一味抵抗中央部隊。戰況十分明顯，黑蟻再不認清牠們已遭到包圍，絕無倖存希望。我在心中天人交戰，一方面想幫助黑蟻群，一方面卻克制自己別插手，因為我想看下一步的發展。我的干預行動僅限於撿起一隻黑蟻，放進包抄的蓄奴蟻部隊前，可惜牠立刻遭到猛烈攻擊，旋即喪命，令我至感愧疚。

不久，黑蟻終於意識到被包圍了，頓時陣腳大亂，許多黑蟻無謂地來回奔跑，有

些在驚慌中筆直衝進紅色侵略者的隊伍中，登時被殺；有些頭腦較冷靜，衝回城堡的心臟地帶，立時攜卵撤退，有些負責啣卵，堆在離來軍最遠的角落，有些接過卵，欲迅速逃往安全地帶；但是牠們的行動已經太遲了。

包抄的兩路蓄奴蟻原本軍容十分整齊，這時突然全部往前衝，猶如一大片迅速流動的紅潮，淹沒整個區域，到處可見纏鬥扭打的螞蟻。將蟻卵夾在兩顎間的黑蟻遭到蓄奴蟻追擊阻攔，被迫放棄蟻卵，若企圖反抗，立刻被處死。有些膽怯的黑蟻一看見紅蟻出現，立刻放下卵，只求活命。一時間，黑蟻窩上方及周圍地帶蟻屍遍布，黑紅交雜；蟻屍之間，倖存的黑蟻仍在徒勞狂奔，紅蟻卻已蒐集完蟻卵，折返回山坡上的城堡。在那當下，我很不情願地離開現場，因為天快黑了，想看也看不清楚。

隔天一大清早，我趕回同樣的地點，發現戰爭已告結束。黑蟻城市已遭棄守，只剩一地死傷的螞蟻，其餘黑蟻與紅蟻皆不見踪影。我趕緊去看山坡上的蓄奴蟻窩，正好趕上蓄奴蟻的最後一團部隊正小心翼翼口啣戰利品*，即蟻卵，滿載而歸。站在蟻

---

* 審訂注：蓄奴蟻的種類很多，各自配對的受害者蟻種也不同，戰利品除了蟻卵之外，也會挾持幼蟲或蟲蛹帶回蟻巢內蓄奴。

窩入口熱烈歡迎的，正是牠們的黑蟻奴，那些奴隸紛紛興奮無比地以觸角去觸摸那些卵，同時圍著主人猛繞圈子，顯然對蓄奴蟻族再一次突擊自己的親族大獲全勝而歡欣鼓舞。整個事件令我想到人類，感覺很不舒服。

形容動物好戰或許不太公平，我們都知道動物多半比較理智，不會參與人類所謂的戰爭。但螞蟻是例外，尤其是蓄奴蟻。對大多數動物而言，捲入戰爭只是為了保護自己，不受敵人傷害，或是為搶奪食物而去攻擊別的動物。

目擊蓄奴蟻發動戰爭後，我雖然佩服牠們的軍事策略，卻變得不太喜歡牠們，所以當我發現竟有一種專門在地下祕密殲滅螞蟻的動物，即蟻獅，便非常開心。蟻獅的成蟲是蟻蛉，長得像蜻蜓，傷害力不大；但蟻蛉在童年階段已是凶殘無比的怪物，並演化出一種極狡猾的陷阱來捕捉獵物，主要對象就是螞蟻。

蟻獅有著圓圓的身軀，頭很大，巨大的顎彷彿一副夾鉗。蟻獅找到沙土鬆軟處便鑽入土中，製造一個狀似小火山口的凹陷，接下來會耐著性子盤踞在凹陷底部，以沙作為掩護，等候獵物上門。遲早會有一隻螞蟻，以典型螞蟻趕路的方式，心事重重、無暇他顧地經過，然後在蟻獅製造的小火山口邊緣上絆一跤、栽進去。螞蟻立刻發現大事不妙，奮力想爬出去，卻非常困難，因為腳底的沙很軟，一踩即往下滑。螞蟻在火山口邊緣徒勞掙扎，被牠踩鬆的沙粒滑下小火山口，驚醒了蟄伏在底下的怪物。說時遲、那時快，蟻獅跳起來行動，牠彷如挖土機的大頭和巨顎，瞄準仍死命想爬出火山口的螞蟻，快速掃射出一連串沙粒。螞蟻腳下的沙不斷向下滑，往上掃射的飛沙又令牠失去平衡，無法站穩，便往下滾。覆蓋小火山口的沙子彷彿帷幕般拉開，讓牠滾進蟻獅呈弧型張開的巨顎，就像墜入愛的懷抱。儘管螞蟻的腳踢個不停，拚命掙扎，卻不由自主緩緩下沉，就像陷在流沙之中。不到幾分鐘，小火山口裡空空如也，凹陷的沙子看似一片平靜，其實躲在底下的蟻獅正在吸食受害者呢！

另一種運用機關槍掃射方式將獵物擊倒的動物是射水魚（archer fish）。這種魚活在亞洲的溪流中，長得很漂亮，牠們捕捉獵物——包括蒼蠅、蝴蝶、蛾和其他昆蟲——的方法極為巧妙。射水魚平常在水面下緩緩游來游去，等待昆蟲飛過來停棲在懸垂於水面上方的細枝或樹葉上，射水魚看見了就會減速，小心翼翼游到射擊範圍內，先靜止不動、瞄準，再突如其來從嘴裡吐出一串小水珠，擊中獵物。射水魚吐口水的準確度驚人，被射中的昆蟲嚇一跳，從停棲處跌下來，掉進水裡。下一秒鐘，射水魚已游到昆蟲下方，只見水中捲起漩渦，巨嘴一開一闔，那隻昆蟲就此消失。

我曾在寵物店工作過。有一天，我們收到的一批貨裡有一隻射水魚，令我大為驚喜，便在經理授權下，寫了一段描述射水魚奇特習性的介紹文，並精心擺設一個水族箱，然後放進射水魚，置於櫥窗內作為主要展示品。這讓射水魚大受歡迎，但顧客紛紛要求觀賞射水魚實地突擊獵物——這就有點棘手了。後來我想到一個妙計：同一條街上隔幾家店就是一家魚鋪，我認為他們店裡麗蠅太多，正好可以分給我們派上用場，便在射水魚的水族箱上方吊掛一塊發臭的肉，再打開店門，留一條縫。這件事我沒讓經理知道，打算給他一個驚喜。

結果的確讓他大吃一驚。

等他來上班的時候，店裡大概已經飛進來幾千隻麗蠅了。射水魚簡直樂壞了，除了我站在店裡看牠，店外人行道上還擠了五、六十人，都在看牠表演。經理前腳才踏進來，後面立刻跟進一位顯然對動物學不感興趣的警察，想知道為何店外聚眾，防礙警方執行公務。出乎我意料之外，經理不但沒嘉獎我的櫥窗展示別出心裁，反而跟警察一鼻孔出氣。當經理彎腰想解開掛在水族箱上那塊臭肉時，整起事件進入高潮，湊巧射水魚看見一隻肥大多汁的麗蠅停在臭肉上，射出一串水珠，不偏不倚射中經理的臉。

事後經理絕口不提那次事件，但隔天起射水魚就不見蹤影，而且以後經理再也不讓我布置櫥窗。

人們最津津樂道的動物作戰伎倆，當屬完全無害的動物偽裝成恐怖凶殘的野獸，而且居然能讓掠食者信服，別來惹我！我看過最有趣的實例，是我在英屬圭亞那蒐集野生動物時遇見的一隻擬鷺（sun bittern）。擬鷺是一種身體修長、鳥喙尖細、步伐莊重緩慢的鳥，我的那隻擬鷺從小被印第安人飼養，非常溫馴。白天我讓她在營地裡自由活動，晚上才讓她進籠裡。擬鷺的羽色美如秋天的樹林，她若站在一堆枯葉前，就像隱形般完全看不見。我前面說過，她是隻纖細柔弱的鳥，讓人覺得她若碰上掠食動物，肯定全無招架能力。你若這麼想，那你就錯了。

有一天下午，三隻好鬥的大型獵犬跟著主人來營地，沒過多久，其中一隻就發現了站在空地邊緣冥想入定的擬鷺。獵犬走過去，豎尖耳朵後低吼。另外兩隻獵犬立刻加入，三隻狗大搖大擺、以泰山壓頂的氣勢朝擬鷺逼近。擬鷺讓牠們足足接近到一公尺多之外，才紆尊降貴地表示她看見牠們了，然後回過頭去，狠狠瞪牠們一眼，再轉身背對牠們。三隻狗停下腳步，有點納悶，眼前這隻鳥沒因為牠們逼近而咯咯大叫、驚惶走避，反而讓牠們不知所措。牠們再往前走一步，擬鷺倏地低頭、大張翅膀，在狗群面前展示出彷彿一把大扇子的整排羽毛，每片翅膀的正中央各有一塊平時翅膀闔起來看不見的美麗斑紋，恰似一對貓頭鷹的巨眼虎瞪著你。三隻獵犬同時嚇一大跳，腳步僵住，瞄了瞄不斷抖動的翅膀，一致急轉身，夾著尾巴跑了。擬鷺闔上翅膀，抖一抖，用喙理平胸前弄亂的幾根羽毛，再度進入冥想狀態。想當然，那三隻狗再也不敢去惹她了。

動物世界裡最巧妙的防衛法，其實是昆蟲想出來的。昆蟲是偽裝大師，擅長設陷阱及運用各種防禦及攻擊法，而放屁蟲（bombardier beetle）又是大師中的翹楚。

我曾經養過一隻野生的黑老鼠，牠還半大不小時就被我捉住。擁有牠令我十分自豪，因為牠相當帥氣，擁有一身烏黑發亮的毛和一雙烏黑發亮的眼睛。平時牠會將時間平均分配給兩件事：進食和清理自己。牠最愛的食物是各色昆蟲：蝴蝶、螳螂、竹節蟲、蟑螂……所有昆蟲一旦放進牠籠子裡，下場都一樣。就算是大型螳螂，碰上牠，生存機率同樣等於零；偶爾大螳螂會伸出長滿倒鉤的前臂在牠鼻子上戳個小洞，害牠流一小滴血，但立刻就會被咔嚓咔嚓吃掉。可是有一天我發現，唯有一種昆蟲是牠的剋星。那天我照例到處翻石頭撿查，發現其中一塊石頭下蹲了一隻發黑的大甲蟲，正在沉思。我想到可以帶牠回家給我的老鼠當點心，便將那隻甲蟲裝進火柴盒，塞入口袋。回家以後，我將老鼠從牠的臥室裡扯出來，再打開火柴盒，搖一搖，那隻肥又多汁的大甲蟲倒在老鼠籠裡的地板上。我那隻老鼠對付昆蟲的辦法分兩種，視昆蟲種類而定。如果蟲子動作敏捷又好鬥，像螳螂，牠會衝過去，一口咬死，永絕後患；如果蟲子動作慢又不具殺傷力，如甲蟲，那牠會坐起來用爪子捧著，彷彿在吃一片烤麵包似地慢慢啃。

一看見這隻又肥又大的點心在眼前的地板上漫無目的亂走，牠立刻走過去用粉紅色的小爪子抓起蟲子，往後一坐，一副美食家將品嚐本季第一顆松露的表情，鬍鬚顫顫地將蟲子送到嘴邊。可是怪事發生了；牠突然用力吸一下鼻子，拋下蟲子，像被螫了一下往後跳，然後坐下來用爪子猛擦自己的臉和鼻子。我以為牠是吃蟲子前突然想打噴嚏。等擦完臉後，老鼠再一次走過去，但這次謹慎許多，小心拿起蟲子送到嘴邊。然後牠又像是被掐住喉嚨似地猛噴一陣鼻息，彷彿要拋開燙手山芋般使勁扔掉蟲子，氣憤地坐下來拚命擦臉。第二次受創顯然給牠極大的打擊，牠再也不願意接近那隻甲蟲；老實說，牠簡直怕了那隻甲蟲。每次甲蟲慢慢爬向牠占據的角落，老鼠立刻就倒退走開。我將甲蟲放回火柴盒，拿進房間裡去查書上資料，才知道我送給倒楣老鼠當點心吃的，原來是隻放屁蟲。放屁蟲遭攻擊時會噴出一道液體，一接觸空氣，這道液體就會「叭」一聲爆炸，並且釋放出刺鼻的毒氣，足以讓任何曾與放屁蟲交手的動物從此對牠退避三舍。

我替我的老鼠感到遺憾，那次經驗相當不幸。試想，你拿起一份看似美味可口的晚餐準備享用，卻慘遭毒氣瓦斯襲擊。我的老鼠還因此得了甲蟲恐懼症，接下來幾天，只要一看見甲蟲就迅速鑽進臥室裡躲起來，即使只是個肥胖笨重的小傢伙，也能嚇牠一大跳。不過，牠畢竟只是隻小老鼠，不經一事、不長一智，遲早得學會絕不可「以貌取人」。

動物發明家

有一次我搭船從非洲返回英國，船長是愛爾蘭人。很不幸，這位船長不喜歡動物，而我的行李卻包含兩百多籠各式各樣的野生動物，全堆在他的凹陷前甲板上。這位船長一逮到機會，便惡意地開動物玩笑，甚至想藉由醜化動物——尤其是我的動物——來激怒我找他爭辯；還好，我始終沒和他起衝突。首先，和船長起爭執乃旅行時的大忌，假使船長又正好是愛爾蘭人，那更是自找麻煩、雪上加霜。不過，隨著航程即將結束，我認為那位船長需要受點教訓，暗自決定若有機會，一定要給他上一堂課。

船即將駛入英吉利海峽的那天傍晚，外面颳風下雨，大家全躲進吸菸室，坐下來聽收音機廣播，節目主持人正在介紹雷達——那時雷達算是新發明，一般大眾都滿腹興趣。船長聽得兩眼發光，節目結束後，轉身對我說：

「這動物可沒輒了吧！」他說：「動物就沒辦法創造這樣的東西，雖然你總是說動物非常聰明。」

船長說的話正合我意，我胸有成竹，非讓他吃點苦頭不可。

「你想不想打個賭？」我問他：「如果我能舉出兩種偉大的科學發明，並且證實早在人類想到之前、動物已開始運用同樣的原理。你願意賭多少？」

「這樣吧，你舉四個例子，我跟你賭一瓶威士忌。」船長顯然覺得自己鴻運當頭。我表示同意。

「你開講吧！」船長得意地說。

「你得給我一分鐘想想。」我抗議。

「哈！」船長以勝利的口吻說：「你已經詞窮了。」

「不是的，」我解釋：「例子太多了，我不知道該選哪一個才好。」

船長極不友善地瞪我一眼。

「那何不從雷達開始？」他諷刺地提示。

「可以啊！」我說：「我本來覺得這個例子太簡單，但既然你提了，那我只好悉聽尊便。」

算我運氣好，那位船長從未研究過博物學，否則他絕不會提雷達這個例子。依我看，他等於送我一份大禮，而我只需描述一般的蝙蝠就好。

想必很多人都看過蝙蝠飛進起居室或臥室，若不太害怕，應該會注意到蝙蝠飛行的速度極快、飛行技術高明，能在高速中盤旋或急轉彎，同時避開任何障礙物，包括人類扔過去的鞋子或毛巾。蝙蝠的視力正常，可是眼睛非常小，埋在濃密的毛裡，不太明顯。不過僅靠正常視力，絕對無法應付牠們常表演的那些驚人飛行特技。研究蝙蝠飛行的先驅是十八世紀的義大利博物學家斯帕蘭札尼（Lazzaro Spallanzani）。他以不必要的殘忍手段進行實驗，先弄瞎幾隻蝙蝠，發現牠們仍能飛行，毫無影響地閃躲障礙物，彷彿眼睛完好無損。至於蝙蝠如何辦到，斯帕蘭札尼未做出任何推論。

蝙蝠飛行的謎直到最近才獲得解答，或至少解答了一部分。人類發明雷達，是藉由發射出的聲波反彈的回音來判斷前方障礙物，有些研究者懷疑蝙蝠體內可能擁有同樣的系統，於是進行一連串實驗，結果令人驚異。研究者先拿小塊的蠟將一批蝙蝠的眼睛封起來，這批蝙蝠一如往常，飛行無阻，沒撞上任何物體。接下來他們不但封住蝙蝠的眼睛，也蓋住牠們的耳朵。誰知這麼一來蝙蝠不但無法避開碰撞，還根本不願意飛。假如只蓋住一隻耳朵，蝙蝠可以飛，但容易撞上物體。這個結果表示蝙蝠的確靠著回音反彈得知前方障礙物的資訊。科學家最後利用精密儀器發現了真相：原來蝙蝠在飛行時，會發出一連串超音波的吱吱叫聲，頻率太高，人聽不見；而且蝙蝠叫得速度極快，每秒約叫三十聲。這些叫聲撞擊前方障礙物後，回音反射到蝙蝠的耳裡，或是進入某些種類蝙蝠的鼻子周圍那一堆奇怪的肉脊裡，蝙蝠因此得知前方有什麼東西、以及距離多遠。所以，蝙蝠利用回音定位的原理和雷達完全相同。但有一件事研究者也無法解答：我們用雷達發射聲波時，必須先關閉接收器，否則接收器會同時接收到傳出去的聲波，以及回音反彈的聲波，彼此間出現干擾。電子儀器或許可以快速開關，但研究者不懂蝙蝠是怎麼做到的。後來他們才發現，蝙蝠的耳朵裡有一小塊肌肉，當蝙蝠吱吱叫的時候，這塊肌肉會收縮，讓耳朵暫停作用；蝙蝠叫完，這塊肌肉放鬆，耳朵便可再接收回音。

最驚人的不是蝙蝠具有內建雷達系統——研究大自然一段時間後，你很快會發現什麼事都有可能！——而是蝙蝠在相當久遠之前就擁有這樣的雷達。科學家發現始新世的蝙蝠化石，生理構造和牠們現代的親戚差異很小。所以蝙蝠運用雷達的歷史可能長達五千萬年，而人類發現這個祕密，僅僅二十年。

我舉的第一個例子，顯然讓船長的腦袋急轉彎，不再那麼有把握。我說接下來要舉的例子是電，似乎幫他打了一點氣。他難以置信地大笑說，想說服他動物會用電燈，那可難了。我立刻指出，我可沒說電燈，我說的是電。用電的動物有好幾種，比方說：電鰩。這種魚長相怪異，有點像一把被壓路機壓扁的煎鍋。牠們偽裝術高明，不但身體顏色模仿周圍底沙的顏色，還有個討厭的習慣，喜歡將身體一半埋進沙子裡，隱藏起自己。我曾目擊電鰩體內發電機（位在牠的背部*）的威力。那時我還住在希臘，有天看見一位年輕農夫在一道沙灣的淺水區內叉魚，他在及膝的清澈海水裡涉水，手握一根漁夫夜釣用的三叉戟，沿著海灣慢慢移動。那天他收穫頗豐，叉到幾條大魚和一隻躲在石堆裡的小章魚，等他走到我的正前方，一件駭人的怪事發生了：前一分鐘才見他慢慢往前走，屏氣凝神低頭往水裡看，手舉三叉戟準備隨時往下叉；

---

* 審訂注：成對的電器官為腎形、位於背面煎鍋狀部位的兩側位置。

下一分鐘卻見他猝然挺直腰桿，身體像支火箭，筆直射出水面。他慘叫一聲，方圓一公里都聽得見，「叭」一聲摔回水裡，激起一片水花之後，馬上又慘叫一聲，比剛才更大聲，又從水裡跳起來。這一次摔回水裡，他似乎再也站不起來了，在水裡匍匐掙扎，半跩半拖地爬回沙灘。等我跑到他身邊，發現他臉色蒼白，全身還在發抖，而且氣喘如牛，彷彿剛跑完一公里似的。到底他是受電擊所致，還是驚嚇過度，我無法判斷。總而言之，以後我再也不敢去那片海灣游泳。

會發電的動物中，當屬電鰻名氣最響。怪的是，電鰻其實不是鰻*，而是一種看起來像鰻的魚。這種又長又黑的魚住在南美洲的河域裡，可以生長到兩公尺半長、像男人大腿這麼粗。許多有關這種巨物的傳言想必極盡誇張、不足為信，不過一條大電鰻的電力足以電昏一匹涉溪的馬，這絕對有可能。

我去英屬圭亞那蒐集動物期間，非常渴望捕到幾隻電鰻，帶回英國。我們曾在一條有很多電鰻的河旁紮營，但牠們都住在岩石密布的河岸被水流掏空的深洞裡。這些深洞經洪水不斷浸蝕，頂端幾乎都有通風孔，每個氣孔下方都住了一條電鰻。要是你能走到氣孔旁，不停猛踩石頭，電鰻肯定會不勝其擾，並且回應你一陣奇怪的齁齁聲，聽起來就像你的腳下埋了一隻大豬。

我想盡辦法，卻一隻電鰻也沒捉到。有一天，我和合夥人在兩位印第安人陪同下去探訪數公里外的一個漁村，因為那個村裡的居民特別會捕魚。我們在村裡發現一些動物和鳥，包括一隻卷尾豪豬。某村民拎著一只滿到快垮了的魚簍現身，簍裡居然裝了一條電鰻，令我喜出望外。經過一陣討價還價，整批動物（包括那條電鰻）全買下之後，我們一把堆進獨木舟裡，啟程回家。那隻卷尾豪豬坐在船頭，顯然熱愛看風景，裝電鰻的魚簍就擺在牠面前。才划到一半，電鰻就脫逃了。

我們直到看見卷尾豪豬的反應，才察覺電鰻逃出籠了。卷尾豪豬多半以為那條電鰻是蛇，三跳兩蹦地從船頭往後奔，還往我頭上爬。我一邊想掙脫豪豬多刺的擁抱，一邊卻猛然瞥見那條鰻魚正毅然決然朝我扭過來，接下來我表演了一個我從來沒想過自己有能力做到的動作：我將豪豬抱在胸前，從坐姿直接向上躍起，然後在電鰻扭過

* 審訂注：電鰻和其他電鰻目的成員（例如水族市場常見的黑魔鬼）皆棲居於南美洲的淡水流域。按照分類，牠們和鯰魚的關係比較近，電鰻目和鯰形目隸屬鯰形總目，和一般鰻魚所屬的鰻鱺目相差甚遠。

我原本的座位後，又落下坐回原處，而且居然沒讓獨木舟翻覆。我腦袋裡清楚浮現那位希臘農夫踩到電鰻的下場，一點都不想親自拿電鰻做實驗。幸好獨木舟裡沒有任何人或動物遭到電擊，因為就在我們手忙腳亂想將那條電鰻弄回魚簍的轉瞬間，牠冷不防翻過獨木舟邊緣，掉進河裡。眼看牠逃之夭夭，相信同行之中沒有一人感到遺憾。

我曾經餵過一條電鰻，牠住在動物園的一個大水族箱裡，觀察牠對付獵物非常有意思。這條電鰻身長約一．五公尺，對付二十至二十五公分長的魚游刃有餘。餵給電鰻的魚必須是活的，魚會在瞬間死亡，所以我並不覺得餵活魚殘忍。每次快到餵食時間，那條電鰻似乎都知道，牠會像白金漢宮外的守衛，繞著水族箱逡巡，動作單調又規律。魚被丟進箱裡的一剎那，牠就像被凍結住，目不轉睛地盯著那條魚慢慢朝牠游去。等魚游進電擊範圍，即三十公分左右，牠會突然全身發顫，彷彿那長長的體內有臺發電機正在啟動。那條魚呢？也像被凍結住；你還來不及反應，那條魚已經死了。然後魚會很慢很慢地翻過來，最後肚皮朝天浮在水面上。只見電鰻緩緩游近，忽地張開嘴巴猛烈吸吮，像一臺吸塵器，將整條魚吸進牠身體裡。

成功放完電後，我決定讓注意力轉向另一個領域——醫療。我表示麻醉是下一個主題時，船長滿臉疑慮地瞅著我。

狩獵蜂（hunting-wasp）可謂昆蟲界裡的在世華陀，由牠主持的手術，能令倫敦「百年醫療街」哈里街上執業的醫學專家都跌破眼鏡。狩獵蜂不是任何一種黃蜂的名稱，而是泛指許多習性相同的蜂類。雌蜂產卵前，會用黏土為她的後代造一個育嬰室，再將育嬰室分隔成若干圓周和香菸差不多、長度約為香菸一半的長型小室。再把卵產入這些小室。但封洞前，雌蜂還得完成另一項任務；因為她的卵會孵出幼蟲，幼蟲在蛻變為完美的黃蜂前，需要食物度過一段發育期，狩獵蜂若把死蟲塞進育嬰室裡，等卵孵出幼蟲，死蟲可能都腐爛發臭了，雌蜂因此被迫演化出另一種育嬰方法。狩獵蜂的種類很多，其中頗富盛名的蛛蜂最喜歡的獵物是蜘蛛；她會像一隻凶猛的獵鷹，在空中逡巡，發現獵物後便悄然降落，技術純熟地用她的刺深深扎入獵物體內。扎這一針的效果非常奇特，蜘蛛會被全身麻醉。雌蜂接著將麻醉後的蜘蛛帶回育嬰室，小心翼翼塞進其中一個小室內，然後在蜘蛛身上產下一顆卵。如果蜘蛛體型小，同一個小室內可能會塞入七、八隻蜘蛛。等雌蜂認為替下一代儲存的食物量足夠了，就會封死小室的洞口，再飛走。在這個恐怖的育嬰室內，蜘蛛動彈不得地成排躺著，有時一躺就是七個星期。這些蜘蛛實際上等同死去，就算你撿起牠們，以放大鏡觀察，也看不見一絲生命的跡象。牠們就像幾塊冷凍肉，躺在那兒等待蜂卵孵化出幼蟲，然後讓幼蟲一點一點地吃光自己。

我想就連船長也覺得先被全身麻痺、再被一點一點蠶食的想法令人毛骨悚然，於是趕緊換個愉快的話題。下一個例子是隻小動物，非常可愛，而且靈巧有智慧——潛水鐘蜘蛛。人類直到最近才想出辦法待在水裡一段時間，讓人也能在水裡呼吸的第一步，是發明潛水鐘；而潛水鐘蜘蛛早在幾萬年前就已演化出深入水底新世界的方法。首先，潛水鐘蜘蛛攜帶自己的水肺，即抱在肚子與腳之間的氣泡，便能無憂無慮在水中徜徉，因為牠在水裡也可以呼吸。能做到這一點已經很了不起，但潛水鐘蜘蛛還更進一步——牠會在水裡造一個家，織一個形狀像倒過來的茶杯的蜘蛛網，牢牢繫在水草上。接下來牠會來回游到水面上好幾趟，每次都抱一個氣泡回來，推進這圓頂型的蜘蛛網內，直到整個網充滿空氣為止，從此牠可以住在裡面，像在陸地上一般自由呼吸。當繁殖季節來臨，牠會找一隻好看的母蜘蛛，在她的水底小屋旁加蓋一間小屋，若兩情相悅，牠便打造一條祕密通道，將牠的家和情人的家連起來，再拆去她家的牆，讓兩家的空氣交融混合。就在這個奇異的水底住宅內，牠追求她、和她交配、與她共處一室，直到她產的卵孵化，小蜘蛛長大，每一隻都從父母家裡抱一個超級小的氣泡游出去，開始獨立生活。

我的潛水鐘蜘蛛故事讓船長也聽得津津有味，即使他不甘願，也不得不承認這場賭注我贏了。

大約一年之後，我遇見一位女士，跟她聊起來，發現她也曾搭乘過那位船長的船。

「你不覺得他非常有趣嗎？」她問我。我很有禮貌地表示同意。

「有你在船上，他一定很開心，」她繼續說：「因為他那麼愛動物！有一天晚上他告訴我們一堆子科學發明，像是雷達之類的，原來動物老早都發現了，動物比人類先進太多了。他聊了一個多鐘頭，大家都聽得入迷。真的太有意思了！我告訴他，他應該寫下那些故事，替英國國家廣播電臺做廣播節目！」

消失中的動物

不久以前，我曾負責看守一群由英國收容的奇特難民。說這批難民奇特，因為牠們並非在自己的國度受到宗教或政治迫害，才來英國。牠們來英國，純屬巧合；因為一個巧合，整個族類逃過了滅絕的命運。這批難民是該物種僅存寥寥可數的幾隻，在牠們的原產國家早已被趕盡殺絕，被人類吃光了；這批難民是一群大衛神父鹿，即中國麋鹿，俗稱「四不像」。

最早發現這群動物還存在世間的人，是一位法國傳教士。十八世紀初，大衛神父去中國傳教。以動物學的角度來看，那時中國的神祕程度唯獨非洲密林可比擬。大衛神父熱中博物學，閒暇時間全花在蒐集動植物樣種，寄回巴黎博物館。一八六五年，神父轉赴北京傳教，到職後聽到一則傳言，宣稱京城南海子皇家獵苑內養了一群奇怪的鹿。皇家獵苑作為皇族私有獵場及遊憩園已長達數百年，獵苑占地極廣，門禁森嚴，由緜亙七十二公里的高牆圍繞，並由韃靼士兵把守，禁止閒雜人等入內，甚至接近。關於這群怪鹿的傳說令大衛神父極感興趣，他下定決心，不管有沒有守衛，他非一睹牆內的禁地不可，而且他要親眼看見這群怪鹿。有一天，機會來了，他爬到高牆上往下看，果然看見許多獵物在樹下吃草，包括一大群鹿。在那一刻，大衛神父意識到他從來沒看過腳底下那群鹿，對科學界而言，牠們很可能是新物種。

大衛神父很快發現那批鹿受到嚴格保護，若有人去傷害或殺害那些鹿，一律處死。他知道若透過正式管道要求一隻樣種，必將遭到中國官方禮貌性拒絕，因此必須訴諸不太合法的手段，才可能如願；他又發現，看守獵苑的韃靼衛兵伙食極差，偶爾他們會自行加點鹿肉打牙祭。衛兵心知肚明，偷獵是死刑，因此儘管傳教士一再懇求，也不願出賣從鹿屍上切下的鹿角、鹿皮或任何一個他們犯罪的證據。但大衛神父鍥而不捨，經過一段時間，居然成功了。他從幾位要不特別勇敢、否則就特別窮的衛兵手中買到兩張鹿皮，神父非常得意，立刻寄去巴黎。不出所料，法國學界證實那確為新物種，為紀念發現人，命名為「大衛神父鹿」。

歐洲動物園風聞此消息，自然都想爭取樣種入園展示，經過曠日耗時的談判，大費周章，中國官方老大不情願地送了幾頭鹿去歐洲大陸。當時沒人想到，那次送鹿的行動竟然成為日後拯救整個物種的契機。一八九五年，時隔大衛神父鹿首度公諸於世三十年後，北京城裡淹大水，永定河氾濫，淹沒鄉村，摧毀糧作。洪水也沖垮了皇家獵苑高牆多處，大衛神父鹿從這些缺口逃入鄉間，很快便遭飢民捕食殆盡，從此在中國消失，分布於歐洲幾家動物園內的少數個體，竟成為該物種僅存孑遺。

我在惠普斯奈動物園工作期間，沃本*正好送來四頭新生小鹿，要求我們人工餵養。這些小傢伙非常可愛，又長又細的腳完全不聽使喚，一對往上翹的鳳眼，東方感十足。剛開始牠們自然不懂奶瓶為何物，我們只好用膝蓋夾緊牠們，強迫餵食。不過牠們很快就熟悉了，才過幾天，再想推開馬廄門得小心翼翼，否則立刻會被一群爭先恐後、你推我擠搶奶瓶的小鹿撲倒。

---

* Woburn，沃本寺原是中世紀修道院，亨利八世改革宗教，解散修道院，將整片產業賜給英格蘭貝福德公爵，作為該家族宅邸及莊園。一八九八年，十一世貝福德公爵耗費重金將流散在歐洲的十八頭四不像麋鹿盡數購回英格蘭，在沃本莊園內飼養，復育工作成績斐然。二十世紀末，英方決定無償對中國提供種群，讓麋鹿返鄉。目前麋鹿在中國總數已達三千頭，全世界約五千頭，仍屬瀕危物種。

小鹿晚上必須喝一次奶，午夜餵一次，清晨還得再餵一次。我們四位飼育員輪班，一週上夜班，一週上日班。其實我很喜歡上夜班；在深夜裡穿越明月映照的莊園，步行去養小鹿的馬廄，必須經過好幾個大籠及圍場，住在裡面的動物在那時間總是格外清醒。昏暗的光線下，每頭熊都顯得比平常大上一倍，牠們拖著腳步在黑莓刺藤叢裡慢行，一邊互相齁齁噴鼻息，假使你手中有方糖，便可說服牠們暫時放棄搜尋蝸牛與其他可口小點心的重要工作，走到籠邊並排坐下，直立身體，巨大的手掌放在自己的膝蓋上，看起來就像一排毛茸茸、鼻息沉重、坐在月光下的佛。牠們的頭往後仰、張大嘴，穩穩接住你拋給牠們的方糖，然後咔嚓咔嚓嚼著、吧唧吧唧咂起嘴皮子。等看清楚你口袋裡沒有方糖了，便一副受苦受難的模樣，嘆口大氣，又蹣跚踱回黑莓叢。

步道接著經過占地兩英畝的狼園。狼園坐落在一塊幽暗神祕的松林內，月光將松樹的樹幹塗成銀色，並在地面投下長長的陰影，狼群就在重重陰影間舞蹈，腳步敏捷，不發出一點聲響，彷彿一片奇異的黑色潮水，在樹幹間環繞扭轉。狼通常不會發出任何聲音，不過偶爾你會聽見牠們輕輕的喘息聲，或是兩隻狼不小心撞在一起，上下顎猛地啪一聲咬合和一串咆哮聲。

然後你走到馬廄前，點燃油燈。馬廄裡的小鹿聽見你來了，顯得坐立不安，在乾草鋪的床上移動，聲音微微發顫地咩咩叫。門一打開，牠們全衝上來，四條腿像要打結似地搖搖晃晃，同時迫不及待地用力吸吮你的手指、你的衣角，冷不防頭往前牴你的腿，幾乎快撞倒你。奶嘴終於塞進牠們嘴裡的瞬間，便是狂喜時刻；牠們一面努力吸吮溫牛奶，一面眼睛發光地凝視你，嘴角慢慢沁出泡泡，像長出一道小鬍子。拿著奶瓶餵哺動物寶寶，光是看牠們那麼專心、那麼熱衷地吸奶，就能帶給你一定程度的滿足和快樂。然而每次我在餵那幾頭鹿寶寶的同時，心裡還多了一種感受。在閃爍油燈映照下，在小鹿邊吸邊漏搞得一塌糊塗、偶爾還會低頭頂一下想像中母鹿的乳房時，我總是強烈地意識到牠們是同類中僅存的幾隻。

我在惠普斯奈還照顧過另一種在野外已然絕跡*的動物——一小群白尾牛羚

*審訂注：十九世紀末，由於人類活動，白尾牛羚曾一度僅剩下不到六百頭的瀕危數量。然而，隨著保育行動及保留區的設立，白尾牛羚目前數量已將近兩萬頭，其中七千頭分布於納米比亞，這些都是由起初的再野放個體繁衍而來。白尾牛羚當前的瀕危狀況被國際自然聯盟（IUCN）紅皮書列為「無危」（Least Concerned）等級。

（white-tailed gnu）。牠們無疑是我看過最滑稽、也最迷人的動物之一。

白尾牛羚看起來怪模怪樣。試想有一種動物，身體和四條腿像一匹健壯的小馬，臉卻又鈍又扁，鼻孔分得很開，粗頸子上有一道濃密的白鬣，加上一大把白毛長尾巴，眼睛上方長出一對水牛角，先往外彎、再往上指——這就是牛羚。牛羚總是從那一對牛角下面瞅著你，一副忿忿不平又疑心重重的表情。倘若牛羚平常表現正常，那麼即使長這副德性，應該不至於太引人注目；偏偏牛羚平常的表現不正常——一點都不正常！牛羚平常的動作只能說介於咆勃爵士舞與芭蕾舞之間，再加上一點瑜珈，而且我這樣描述還不到位。

每天早上我去餵牠們，都得花多一倍的時間，因為牠們一看見我就開始表演，而牠們的表演如此滑稽，每每讓我忘了時間。牠們會趾高氣昂地踏步、扭身、尥起後蹄跳躍、疾馳、抬起前腿人立、像跳芭蕾舞似地豎起趾尖旋轉……做這些奇怪動作的同時，瘦伶伶的四條腿還岔出各種完全違反動物身體構造的角度，同時長尾巴不斷咻咻甩動，在空中畫弧線，彷彿馬戲團裡的馴獸師在抽鞭子。瘋狂舞到一半，牠們會冷不防停下來站著不動，一臉氣憤地瞪著哈哈大笑的我，從鼻孔裡噴出響亮的齁齁聲抗議。看牠們在圍場上快速又瘋狂的舞蹈、滑稽的動作和神氣活現的態度，我總覺得牠們像是古老盾徽裡的某種神話動物，奇蹟似地降臨人間，有血有肉地在綠草地上蹦蹦跳跳。

我難以想像有人在看到這些靈活又逗人發笑的動物以後，會狠下心殺牠們；但事實如此。早期赴南非墾居的移民視白尾牛羚為極具經濟價值的肉類來源，活潑烈性的牛羚因此成群結隊慘遭屠殺。這種大型羚羊還在無意間加速自己的滅亡，因為牠們的好奇心重得無可救藥，一看見早期移民趕著牛車行過草原，非趨近查看不可，然後繞著牛車跑跑跳跳、尥蹄、噴鼻息，再冷不防停下來瞪著人看。這種沒跑出射擊範圍、就突然停下來瞪人的習慣，又引來視打獵為消遣的獵人，將牛羚當成靶子，練習槍法。就這樣，白尾牛羚族群數量銳減。直至今日，這個物種沒有滅絕其實是奇蹟。如今牠們全球總數不到一千頭，被拆散成幾個小群，養在南非不同的莊園內。白尾牛羚若絕種了，南非將失去他們國家最好玩、又最有才華的本土動物；無論一個地方的風景多麼單調乏味，只要放一隻牛羚進去，將立刻充滿生氣與靈動。

很不幸，世界上瀕危的動物不只大衛神父鹿與白尾牛羚而已；已滅絕與瀕臨滅絕

的物種名單長得令人憂傷。隨著人類足跡遍布全球，人長年以來對野生動植物造成可怕的災害：射殺、捕獵、伐木、焚林，以及無情又愚蠢地將動物的天敵引入從來沒有天敵存在之地。

以渡渡鳥（do do）為例：渡渡鳥是一種體型像鵝、步履蹣跚的大笨鴿，曾經安居在模里西斯島上。因為牠們在島上沒有天敵，不必躲避掠食者，慢慢便失去了飛行能力，還在地上築巢。渡渡鳥除了喪失飛行能力，似乎也喪失了警戒心，據說非常溫馴、毫無防備之心。人類在約莫一五〇七年發現渡渡鳥的樂園，也帶著幾種不離身的動物——貓、狗、豬、老鼠和山羊——上島。渡渡鳥不疑有他、頗感興趣地迎接新來客；大屠殺旋踵開始。山羊啃光了渡渡鳥用來遮蓋的矮叢；貓狗追捕成鳥；豬頂著鼻子把整座島上的渡渡鳥蛋和小鳥都拱出來吃掉；老鼠跟在後面，倖存的旋即遭趕盡殺絕。一六八一年，這種肥胖笨拙、完全無害的大鴿子正式滅絕。正如一句英國諺語：「死得像渡渡鳥一樣透徹（As dead as the dodo.）。」

全世界的野生動物都在以穩定的速度，遭到無情的砍斫摧殘，許多極可愛又有趣的動物族群數量銳減，若不加以保護，給予協助，牠們絕不可能重新站穩腳跟，恢復往昔的數量；若不提供保護區，讓牠們得以不受干擾地生活與繁殖，牠們的數量只會持續下滑，直到有一天，加入渡渡鳥、斑驢（quagga）、大海雀（great auk）的行列，成為冗長滅絕物種清單上的一個名字。

當然，過去十年內已有多項野生動物保護行動展開：保留區與保護地紛紛劃定，有些物種也被野放回該物種已絕跡的產地。以加拿大為例，當局透過飛機運送，野放河狸至特定區域；將河狸關進木箱裡，綁上降落傘，等飛機航行到特定區域上空，便空投河狸箱，木箱隨降落傘慢慢往下飄，一碰到地面，門自動打開，讓河狸自行前往最近的河流或湖泊。

儘管許多保護措施已在進行，但仍有太多太多工作亟待著手。很不幸地，大部分受復育的動物，都是具有經濟價值的動物；至於許多鮮為人知、沒沒無聞、對人類不具經濟價值的動物，即使牠們受到法律保護，實際上也無人聞問，任其自生自滅。因為除了少數感興趣的動物學者，沒有人認為值得花錢去拯救牠們。

隨著世界人口逐年增加，隨著人類一路焚燒摧毀的足跡愈形深入地球偏遠角落，得知仍有少數私人及研究機構同意拯救這類飽受人類騷擾的動物，並將劃定保護區視為人類的當急要務，也算是個小小的安慰吧。這類工作之所以重要，原因很多，但最重要的原因應該是：人類雖然天賦異稟，卻無法創造物種，更無法重新複製任何已經被我們毀滅的物種。倘若有人提議澈底拆除倫敦塔*，必將遭到強烈抗議；然而，許多歷經千萬年才演化成今天這般獨一無二、神奇且惹人喜愛的動物，卻無聲無息如燭光般猝然被捻熄，而且僅僅少數人得知或抗議此事。除非有一天，人類認為動物和舊書、舊畫或古跡一樣值得推崇及謳歌，否則總有物種將淪落成難民，仰賴少數善心人士施捨，在瀕臨滅絕的邊緣過著岌岌可危的生活。

---

* Tower of London，列入世界文化遺產的知名倫敦景點，擁有非常悠久的歷史，最早興建於羅馬帝國統治時期，後來經征服者威廉、獅心王理查、約翰國王等多位統治者增建直到現在的模樣。

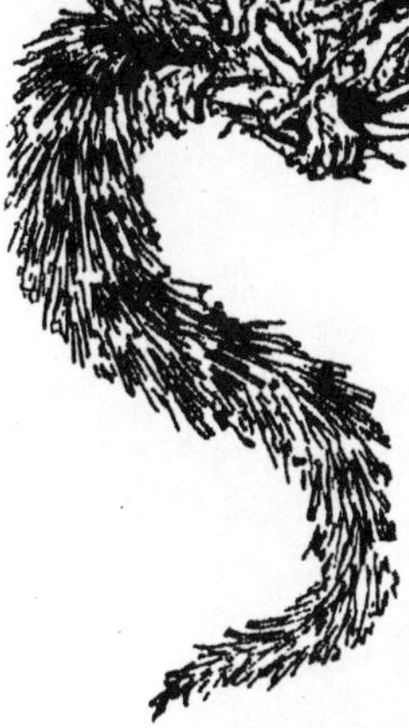

第三部

特別的動物

Animals in Particular

將野生動物當成寵物，無論在遠征途中，或養在家裡，過程都可能既繁瑣又煩心，甚至讓你充滿挫折感；不過，也可能帶給你極大的樂趣。很多人問我為什麼喜歡動物，我很難回答這個問題；不如問我為什麼喜歡美食算了。除了我對動物感興趣，以及牠們帶給我極大的樂趣之外，還有一個原因讓我喜歡動物。我感覺動物最迷人之處，是牠們雖具備基本的人性特質，卻毫不虛假、偽善——這兩個人性特質似乎已是現代社會的必需品了。和動物相處，你會多少明白自己的處境：如果動物不喜歡你，肯定會讓你知道；如果牠喜歡你，也絕不會讓你起半點疑惑。

只不過被動物喜歡這回事，有時令人憂喜摻半。前陣子我養了一隻來自西非的非洲白頸鴉（pied crow from West Africa），牠經過六個月考慮後（這段期間內牠完全不理我），最近突然決定世上牠只愛我一個人。只要我一走近牠的籠子，牠就蹲在地上，狂喜地發抖，或用喙叼一份禮物送我（一片碎報紙或一根羽毛之類的），一定要等我接過去，然後就一邊不停嘶啞地自說自話，一邊猛烈打嗝和射精。這些都無所謂，可是一等我打開籠門，牠會立刻飛到我頭上不肯移駕，先是爪子牢牢鉗住我的頭皮，再拉一坨溼大便在我夾克上，最後才開始充滿愛意地啄我的頭。牠的喙有七、八公分長，而且非常銳利，不用說，真是夠痛的！

當然，養動物得堅持底線，否則一不小心，飼養寵物就會演變成怪癖或反常行為。去年聖誕節我堅持住底線，買了一隻北美鼯鼠（North American flying-squirrel）送給妻子當禮物，我一直很想養這種鼯鼠，也知道妻子收到後肯定喜歡。那隻鼯鼠順利抵達，立刻迷倒了我倆，但牠顯得極度緊張不安，於是我們決定讓牠先待在我們臥室裡一、兩週，晚上牠出來活動時，可以對牠說說話，讓牠習慣我們。本來這個計畫進行得挺順利，只不過這隻鼯鼠咬穿了牠的箱子，決定搬到衣櫥後面住。剛開始我們覺得那樣也好；晚上可以坐在床上，看牠在衣櫥上表演特技，飛快地在梳妝檯上奔跑，搬走我們留給牠的堅果和蘋果。到了除夕夜，晚上我們有個飯局，必須穿晚禮服。一切進行順利，直到我打開梳妝檯的抽屜……在那瞬間，一個困擾我們多時的問題——鼯鼠把我們給牠的堅果、蘋果、麵包和其他小塊食物都藏去哪裡了？——豁然得到解答。我全新的、從來沒戴過的寬腰帶，已變得像一塊馬德拉島的名產刺繡品，千瘡百孔，被咬下來的無數小碎片全被節省下來，作為築兩個巢的材料——築在我晚禮服襯衫袖口上，一邊一個。兩個巢內總共藏了七十二粒榛果、五顆核桃仁、十四塊麵包、六條麵包蟲、五十二小塊蘋果和二十粒葡萄。葡萄和蘋果年代久遠，稍微分解了，在我襯衫胸前留下一副副比美畢卡索的果汁抽象畫。

那天晚上我穿普通西裝去赴宴。至於那隻鼴鼠，牠現在住在英格蘭德文郡的佩恩頓動物園。

前幾天妻子說她覺得水獺寶寶非常可愛，應該會是個好寵物。我趕緊改變話題。

動物父母

我對動物父母，由衷敬佩。小時候我嘗試餵養過許多不同種的動物，成年後為動物園蒐集動物，遠征世界各地，途中又必須充當許多動物寶寶的母親，我始終覺得那是所有工作任務中，最令人神經衰弱的一環。

我第一次真正嘗試當養母，是餵養四隻刺猬寶寶。母刺猬其實是非常棒的母親；她會在生產前造一個地下育嬰室，在地下挖個圓洞，約三十公分深，鋪滿厚厚一層乾葉子，然後才在洞裡產下寶寶。寶寶剛出生時眼睛看不見，非常無助，身上有層厚厚的刺，但那些刺還是白色的，很軟，像橡膠做的。隨後刺會慢慢變硬，等到寶寶幾週大時，刺才變成棕色。當寶寶可以離巢了，刺猬媽媽會領著牠們出洞，教牠們如何獵食。牠們走路時會排隊，就像小學生呈一路縱隊，後面的孩子將手搭在前面的肩上；刺猬寶寶則是將前面寶寶的尾巴含在嘴裡，走在最前面的寶寶緊咬住媽媽的尾巴，絕不鬆口。刺猬家族就這麼蜿蜒穿越矮樹籬，彷彿一隻巨大又長滿刺的怪異蜈蚣。

養刺猬寶寶對刺猬媽媽來說似乎不成問題。可是當朋友送給我四隻眼睛睜不開、身上長滿白色橡膠刺的刺猬寶寶，請我養大牠們時，我卻毫無把握。那時我們住在希臘，像足球一般大、鋪滿橡樹葉的刺猬巢蓋在農田裡，被種田的農夫掘了出來。我收下刺猬寶寶後，第一件大事便是餵牠們。牠們的嘴很小，普通奶瓶的奶嘴對牠們而言太大了。幸好，一位朋友的女兒有個洋娃娃的奶瓶，經過多次賄賂，我說服那女孩放棄她的娃娃奶瓶。努力一段時間後，刺猬寶寶學會吸奶嘴，喝稀釋的牛奶，長得很好。

剛開始我將牠們的巢放在一個淺淺的厚紙盒裡，可是在破紀錄的極短時間內，那個原始的巢就變得非常不衛生，每天我必須換十到十二次的葉子。我不禁懷疑，難道刺猬媽媽每天都忙著換葉子，把葉子搬進搬出嗎？若果真如此，她哪有時間餵寶寶？我養的刺猬寶寶胃口奇大，不論白天夜晚，任何時間都想吃奶。你只要輕輕碰盒子一下，四張小尖臉就會從葉子堆裡鑽出來，像個合唱團，異口同聲發出刺耳的尖叫，每個小頭都理了一個白色的小平頭，四個小黑鼻頭不斷扭動，拚命嗅聞，想找到奶頭。

大部分動物寶寶一旦吃飽，會自行停下來，可是根據我的經驗，刺猬寶寶不是這樣。牠們總像漂流海上餓了數星期的難民，撲向奶瓶，然後一直吸、一直吸、一直吸。如果我不加以阻止，牠們會喝下超過所需分量的兩倍。其實我覺得我已經餵過量了，牠們胖得小短腿根本無法承載身體的重量，每次在地毯上爬，都像在游泳似的，肚子拖在地上。不過牠們發育得很好，慢慢地腿長結實了，眼睛張開，甚至敢走到離盒子十五公分以外的地方探險。

我的刺猬小家庭令我萬分驕傲，我期待早日能在黃昏時分帶牠們去散步，找可口的小蝸牛或野草莓給牠們吃。很不幸，這個夢想沒有實現。有一天我必須離家去別的地方，隔天才能返回。我無法隨身帶刺猬寶寶，只好交給我姊姊代為照顧。出門前，我一再強調刺猬貪得無厭的習性，交代她一隻寶寶頂多只能餵一瓶奶，就算牠們慘叫不停，也絕對不能多餵。

我怎麼會這麼不了解我自己的姊姊呢？

隔天回家，我問刺猬寶寶都還好嗎，姊姊瞪了我一眼，眼神中滿是責備，埋怨寶寶們快被我慢性餓死了。我心中升起不祥的預感，趕緊問她每一餐餵每一隻幾瓶奶。

每隻餵四瓶，她答道；你沒看見牠們現在有多胖、多可愛！誰也無法否認牠們的確很胖；牠們的小肚子鼓脹得可怕，腳都搆不到地了，看起來就像四個插上刺的怪球，還不小心黏上了四條腿和一個鼻子。我努力救牠們，可惜不到二十四小時，牠們全因感染急性腸炎死了。當然，沒有人比我姊姊更傷心。我接受她道歉的時候，態度冰冷，相信當時她心裡明白，我再也不會請她照顧我的動物寶寶了。

並不是所有動物都像刺猬是模範母親，有些動物看待育兒的態度十分「現代」、漫不經心。比方說，袋鼠。袋鼠寶寶出生時仍處在「未完工」階段，其實還只是個胚胎而已。有些紅袋鼠（red kangaroo）直立坐下身高可達一百五十公分，剛生下的袋鼠寶寶卻只比一公分多一點，而且眼睛是盲的，全身無毛。這一小坨生命必須穿越媽媽的肚子，自己找到育兒袋爬進去。寶寶根本還沒發育完全，你一定覺得這樣很艱苦吧；可是艱苦的還在後頭——袋鼠寶寶只能以前腿爬行，牠的後腿是打結的，整齊地綁在尾巴上方。在這段過程中，母袋鼠就坐著不動，不提供寶寶任何協助，只不過偶爾在自己的毛上舔出一條路，算是提供路標吧。就這樣，這一小坨超級早產的小東西，被迫爬過一大片毛皮叢林，也不知是靠運氣、還是靠嗅覺能力，找到了育兒袋，爬進去，隨即像一把夾鉗似地緊緊咬住奶頭。

此等壯舉，豈不令攀登珠穆朗瑪峰都顯得微不足道？

我無緣親自餵養大型袋鼠寶寶，卻有照顧小袋鼠（wallaby）幼崽的經驗。小袋鼠和紅袋鼠是親戚，但迷你許多。當時我在惠普斯奈當動物飼育員，那裡的小袋鼠沒有被關在圍欄內，而是在莊園內自由活動。一隻帶著幼兒的母袋鼠遭到一群年輕男孩追趕，因為害怕，做出所有袋鼠家族在承受太大壓力時都會做的動作——把她的幼兒拋出育兒袋！過一段時間，我才找到那隻袋鼠幼崽，牠躺在長草叢裡，身體不由自主地抽搐，嘴巴微弱地做出吸奶的動作和發出吸吮聲。老實說，我從來沒見過那麼不吸引人的動物寶寶：牠長約三十公分、眼睛看不見、全身光禿禿呈亮粉紅色，似乎完全無法控制自己的身體，只有那兩根巨大的後腿，每隔一段時間就會猛踢一陣。袋鼠寶寶因為被重重摔下，全身嚴重瘀傷，其實我很懷疑牠是否活得了，但仍然決定帶牠回宿舍，同房東太太爭辯一番後，養在我的臥室裡。

小袋鼠吃奶嘴喝牛奶都不成問題，最大的挑戰是保溫。我把牠包在毛巾裡，四周放幾個熱水袋，可是熱水袋很快就變冷，我擔心牠著涼。最顯而易見的解決辦法便是隨身帶著牠，放進我襯衫裡。直到那一刻，我才了解小袋鼠媽媽難為之處。除了牠鼻子不停地拱、嘴巴不住吸吮之外，牠還定時狠狠踹出那彷彿長了利爪的後腿，每次都踢中我的胃。帶著牠不過幾小時，我已經覺得像和拳王阿里在拳擊臺上練習了整整一回合。顯然我得想別的辦法，否則遲早要胃潰瘍不可。我試過讓牠待在背後，可是每次牠的長爪子才猛踢幾下，很快我又移來前面。晚上一起睡更是痛苦的煎熬，除了必須陪牠比賽摔角之外，牠往往因為踢得太猛而彈出床外，我只好時不時傾身從地上撈牠回來，再塞回被窩裡。

很不幸地，兩天後牠就死了，顯然死於內出血；我必須承認我的感受是苦樂參半。無論如何，能照顧這麼特別的動物寶寶，難能可貴。

若說袋鼠在照顧小孩這方面不太勤快，那麼侏儒狨（pigmy marmoset）便堪稱美德的典範——至少公侏儒狨是。侏儒狨的體型和一隻小老鼠差不多，一身綠色帶斑紋的毛，臉很小，棕色眼睛晶亮，活像是神話故事裡毛茸茸的地精，或是善於變形的水精。一等到求偶期結束，母侏儒狨生下寶寶，她矮小的配偶立刻變身完美的丈夫。寶寶一生下來——通常是雙胞胎——侏儒狨爸爸立刻接過去，掛在自己臀部兩邊，一邊一個，就像垂掛一對馬鞍包似地帶著寶寶到處跑。牠會替寶寶理毛，保持清潔衛生；晚上抱著寶寶睡，不讓牠們著涼；只有餵奶時間才將寶寶交給興趣缺缺的太太。而你看牠急著想把寶寶抱回去的德性，會覺得牠彷彿恨不得自己能餵奶。

侏儒狨爸爸絕絕對是女性夢寐以求的理想丈夫。

奇怪的是，猴類寶寶通常最笨，得花最長的時間才能習慣喝奶瓶。等你終於教會牠們、牠們也長大了一點，你又得重複這項煩人的工作，教牠們學會從碟子裡喝奶。猴寶寶似乎認為從碟子裡喝奶唯一的辦法，是整張臉浸在牛奶裡不動，要麼等到快窒息了才會抬頭，否則就是淹死在奶水裡。

我養過最可愛的猴寶寶，是一隻小髭長尾猴（moustached guenon）。牠的背和尾巴為苔綠色，腹部和鬍鬚是極漂亮的毛莨黃，上嘴唇上面還有一道香蕉形的寬白帶，就像英國軍官愛蓄的神氣八字鬍。這隻猴寶寶也和所有猴寶寶一樣，頭太大，和身體不成比例，四肢又瘦又長；坐進一只茶杯裡剛剛好。剛開始牠拒絕喝奶瓶，堅信奶瓶是我發明的某種可怕刑具，等到牠終於學會喝奶瓶，一看到奶瓶來，欣喜若狂，嘴立刻湊上去緊緊咬住奶嘴，激情澎湃地摟著奶瓶，躺在地上滾。奶瓶大概比牠大三倍，總讓我聯想到一個緊緊抱住白色巨型飛船的空難倖存者。

經過一段水深火熱、奶水到處飛濺的正常學習過程之後，牠學會從碟子裡喝牛奶，養牠就變得充滿挑戰。我們會讓牠待在桌子上，遞給牠一碟牛奶。牠只要一看到那碟奶，隨即尖叫出刺耳的聲音，同時全身猛發抖，彷彿患了原發性顫抖症。事實上牠只是既興奮又憤怒——牠興奮，因為看見奶了；牠憤怒，因為那碟奶放到牠面前的速度永遠不夠快。因為牠尖叫和顫抖都極猛烈，會令牠像一隻蚱蜢似地往空中彈跳。假使你忘了先抓住牠的尾巴，就放下那碟奶，牠會迸出最後一聲勝利的尖嘯，一頭栽進碟子中央，等你把噴得自己一臉的牛奶擦乾淨，會看見牠怒氣沖沖地坐在碟子中央，不停憤怒地抱怨根本沒奶可喝。

飼育動物寶寶最大的問題是如何在夜裡替牠們保暖，這一點在熱帶地方同樣構成挑戰，因為入夜後氣溫陡降；野外的動物寶寶緊緊依偎媽媽濃密的皮毛，以此取暖並得到庇護。但根據經驗，我發現作為代替品的熱水袋沒什麼用；熱水袋很快會變冷，一個晚上你得起床好幾次，重新燒水、灌水。你若同時照顧一大批成年動物，還得餵養幾隻動物寶寶，光是處理熱水袋就會讓你筋疲力竭。所以，最簡單的辦法就是陪動物寶寶一起睡。你很快就會習慣保持同樣的睡姿，需要翻身時會進入半醒狀態，防止自己壓到牠們。

我曾在不同時段和許多不同種的幼小動物睡在同一張床上，有時甚至床上同時擠了好幾隻不同種的動物。記得有一次，我窄窄的行軍床上就睡了三隻獴、兩隻猴寶寶、一隻松鼠和一頭小黑猩猩，我再睡進去，就擠得滿滿的，沒有一點多餘的空間。你或許會想，這麼辛苦，牠們應該很感激我吧。其實正好相反；我身上最嚇人的疤，拜一隻小獴所賜，只因為我餵奶遲了五分鐘。現在若有人問我那道疤是怎麼來的，我都必須扯個謊，說是一頭快速衝向我的美洲豹送我的，因為即使我說真話，也沒人相信那只是一頭獴寶寶在床單底下做的好事。

那群土匪

我是在倫敦動物園裡第一次接觸到長毛獴（*Crossarchus obscurus*）這種奇特的小動物。那時我即將出行，首度遠征去蒐集動物，我感覺若能提前熟悉可能在廣袤雨林內遇見的動物，對我未來的工作應大有助益，便踏進嚙齒類動物館，就近觀察幾隻極可愛的西非松鼠。

觀看松鼠一陣子之後，我繼續往前走，往館內其他籠裡瞄。其中一個籠子外掛了一面醒目的招牌，告訴我籠裡關的動物名叫長毛獴，產自西非，但我只看見籠中一堆稻草正極富韻律感地微微起伏，同時傳出一陣微弱的鼾聲。我感覺既然我馬上將遇到這種動物的同類，有充分理由叫醒這一隻，逼牠出來見面。

每一家動物園都有同樣的規定，通常我會遵守，一般大眾也應該遵守，那就是動物在睡覺時不應該去吵牠、戳牠或拿花生米丟牠；牠們的隱私權已經夠少了。但那一次我沒理會那條規定，伸出大拇指刮著鐵條，製造些微聲響。本以為不會有多大效果，沒想到那堆稻草的深處突然像發生了一場小爆炸、起一陣騷動，下一刻便有一粒長長軟軟、彷彿橡膠製成、尖端往上翹的鼻子出現，接著是一張像大老鼠的臉、一對小小尖尖的耳朵，和一對充滿好奇的亮晶晶眼睛。這張小臉對我進行鑑定約一分鐘後，突然注意到我手裡拿著、並極有技巧地放在籠邊的那粒方糖，霎時像個老太太似地有氣無力吱吱叫了一聲，然後狂亂地想掙脫像繭一般纏在自己身上的那團稻草。

當牠只露出頭的時候，我本來以為牠的體型很小，可能和雪貂差不多，等牠從草堆裡掙脫出來、蹣跚走進我視線後，我驚訝地發現牠其實挺大的；老實說，牠簡直圓得像個球。然而牠撐著又短又胖的腿走到籠邊，撲倒在我給牠的那粒方糖上時，卻是一副不知餓了多少年、終於等到一小塊像樣食物的饞樣。

我判斷牠是一種獴，但牠那尖端往上翹、不停扭動的鼻子，和那對閃閃發光、狂熱分子般的眼睛，卻和我看過的任何一隻獴都大不相同；我同時決定，牠的體型不是大自然給牠的，而是暴飲暴食的結果。牠的腿非常短，爪子挺秀氣，在籠子裡跑來跑去時，四條腿動作極快，只見肥肚腩下方一團殘影。每次我餵牠一小塊食物，牠都會同樣有氣無力地吱吱叫著，彷彿在責備我又誘惑牠飲食過量。

我被這隻小東西迷得神魂顛倒，完全沒意識到口袋裡的方糖已經全餵給牠。一明白點心沒了，牠便一副受苦受難的模樣，長嘆一口氣，踱回稻草堆前鑽進去，才過數秒鐘，已再度進入熟睡狀態。在那一刻，我暗自下定決心，倘若我去的地方有長毛獴出沒，就算使出渾身解數，也要找到一隻。

三個月後，我置身喀麥隆雨林的心臟地帶，發現在那裡接觸長毛獴的機會很多，原來牠們是那地區最普遍的獴科動物。當我躲在森林裡等待別種動物出現，經常看見牠們出來活動。

我在野外見到的第一隻獴，突如其然就從一條小溪溪畔的矮叢裡鑽出來，接著展示一連串捕蟹法，讓我津津有味觀賞很長一段時間。牠先涉水進入淺水區，然後頂著那上翹的長鼻子，翻遍每一塊石頭（想必牠憋著氣在做這件事），直到拱出一隻又大又黑的淡水蟹為止。牠毫不猶豫地張嘴咬住螃蟹，頭一甩，螃蟹就被甩到岸上。接下來牠追著螃蟹跑，圍著螃蟹跳來跳去，一邊高興地吱吱叫，沒事去咬一口，直到咬死螃蟹為止。後來有一隻超級大的螃蟹夾住牠那往上翹的鼻頭，我忍不住笑出聲來，嚇

了牠一跳，牠旋即倉皇逃入森林。

還有一次我看見一隻貘採取同樣的方法捕青蛙，可惜效果很差。我想那隻年齡肯定還小，捕蛙經驗不足。牠辛苦地用鼻子拱很久，才捕到一隻青蛙，甩到岸邊，還沒追上岸，青蛙老早清醒過來，跳回溪裡，那隻貘只好無奈地再重新翻石頭。

一天早上，一位當地獵人拎著一只棕櫚葉編的小簍子走進我的營地。我往簍裡瞧，看見三隻怪異得超出想像的小動物，體型就像剛出生的幼貓，腿極為短小，尾巴像被蟲蛀了，坑坑洼洼，身上皮毛是發亮的薑紅色，一簇簇豎起來，看起來像變種的刺猬。我往下瞄牠們，想辨識牠們是何種動物，牠們也仰起小臉往上盯著我，我一看見那三粒橡膠般的粉紅色鼻子，立刻明白牠們是貘，而且是非常幼小的貘，因為牠們的眼睛才剛睜開，也還沒長牙。我很高興能獲得這三隻寶寶，可是等我付錢成交，想訓練牠們喝奶，卻立刻意識到也許我給自己找了大麻煩。我雖然儲備了各式各樣的奶瓶，卻找不到一個夠小、能塞進牠們嘴裡的奶嘴，只好用老法子，把棉花纏在火柴棒上，沾取牛奶後讓牠們吸吮。剛開始，牠們認為我是想噎死牠們的怪物，拚命掙扎，不停吱吱叫，我一把棉花棒塞進牠們嘴裡，立刻被牠們急如星火地吐出來。幸好，牠們很快就懂得棉花裡有牛奶，之後餵牠們就不難了，只不過牠們經常吸吮得太用力，熱情地讓棉花與火柴棒分了家，被牠們囫圇吞下肚去。

剛開始我將裝牠們的簍子擺在我床邊，因為我必須半夜起來餵牠們，所以放床邊最方便。頭一個星期，牠們表現得可圈可點，白天大部分時間都四仰八叉躺在鋪滿乾葉的簍裡，肚皮腫脹、爪子不時抽搐幾下，到餵奶時間，才變得極端興奮，在簍子裡轉來轉去，不停大聲吱吱叫，你踩我、我踩你。

獴寶寶很快長出牙來（可以牢牢咬住棉花球，製造許多災難），而且腿也長壯了，迫不及待地想看簍子外的世界。通常我在喝早茶的時候餵牠們第一餐，我會先將牠們從簍子裡抱出來，放在我床上，讓牠們四處走走。可惜發生了一件事，這個慣例不得不戛然告終。有一天早上，我正安安靜靜喝茶，其中一隻獴寶寶發現了我伸出被單的一隻光腳，多半心想要是用力咬我大腳趾一口，應該可以擠出奶來。於是用針一般鋒利的牙齒緊咬我腳趾不放，牠那兩個兄弟一看，深怕錯過餵食時間，立即加入。等我一把將牠們鎖回簍子裡，連同灑在我身上和床上的茶都擦乾淨了，便決定停止每天早晨例行的嬉耍瘋鬧時間；因為太痛了！

那次事件只是第一個小小的預警。沒過多久，牠們已變得極度煩人，非常討厭，我只好稱呼牠們為「那群土匪」。牠們長得很快，一旦牙長出來，除了喝奶之外，每天還吃蛋和一點生肉。牠們的胃口似乎永遠無法饜足，生活變成一場永無止境、尋找食物的過程。而且牠們似乎認定除非獲得反證，否則每樣東西都可以吃。被牠們發現的其中一樣小點心，是牠們的簍蓋。吃垮簍蓋後，牠們從簍子深處爬出來，決定先繞營地視察一周。很不幸，被牠們找到的那個地方，正是牠們可以在最短時間內造成最大災害的地方——我們儲藏食物及醫療用品的角落。等我發現那群土匪時，牠們已經摔破了一打蛋（看牠們的德性，可能還在蛋汁裡打了幾個滾）；和兩串香蕉展開一場群架，而且贏了（因為香蕉看起來損傷慘重）。屠殺水果之後，牠們繼續前進，先打翻兩瓶維他命，接著興高采烈地找到兩袋硼酸粉，弄破袋子，灑得到處都是白粉，還黏在牠們沾滿蛋汁的毛皮上。我找到牠們的時候，牠們正打算從裝消毒水的桶子裡喝幾口嗆鼻又有劇毒的消毒水，還好被我及時逮住。那時牠們看起來已像三只奇怪的聖誕蛋糕裝飾品，身上塗了硬硬一層硼酸粉拌蛋黃，我花了三刻鐘才將牠們清洗乾淨，然後裝進一只較大、也更堅固的簍子，希望牠們從此安心住下。

牠們只花兩天就攻破了這個簍子。

這一次，牠們決定去拜訪營地裡其他的動物。此番巡籠，對牠們而言應該相當愉快，因為每個籠裡或多或少都會殘留些食物渣滓。

那個時候我還養了一隻非常漂亮的大猴子，名叫卡莉。卡莉是隻黑白疣猴（colobus monkey），算得上非洲最美的猴種之一，全身烏黑及雪白兩色，長長的毛如絲帶般垂下，繞身體一圈，彷彿圍了一塊披肩，尾巴像一大束長羽毛，也是黑白相間。卡莉有點自戀，大部分時間都花在梳理自己美麗的皮毛上，不然就在籠子不同的角落裡擺姿勢。那天下午，她決定利用等待我送水果的那段時間，來到箱籠地板睡個午覺，便像一位在海灘上做日光浴的女性，雙手優雅地疊在胸前，躺在那裡。很不幸地，她的尾巴伸到鐵欄杆外面，看起來就像一條黑白相間的絲巾掉在地上。當卡莉沉沉進入夢鄉之際，那群土匪進場了。

我剛才已經強調過，那群土匪相信任何東西——不管那東西看起來多奇怪——經過驗證，應該都可以吃，所以牠們覺得每樣東西都該嚐一嚐，以免造成遺憾。當土匪老大看見卡莉擺擱在地上的尾巴，像一件不屬於任何人的失物，那肯定是造物者放在路上要送給牠吃的可口點心。於是一個箭步衝上去，一口小尖牙狠狠咬下去！牠身後兩位兄弟，一看這一餐量大且豐，足夠大家分享，立刻加入。卡莉的尾巴同時被三副尖牙咬住，她猛然從夢中驚醒，驚懼萬分地尖叫一聲，迅速朝籠頂爬上去。那群土匪哪肯輕易放棄這麼可口的點心？於是咬得更緊，死也不放，卡莉爬得愈高，土匪被她帶得離地面愈遠。等我聽到卡莉呼叫，終於跑過去查看時，土匪已像一隊空中小飛人，牙齒緊咬住尾巴，懸在離地面一公尺高處。我花了五分鐘才讓牠們鬆口，而且還是對著牠們的臉猛吹香菸，逼牠們打噴嚏才辦到。等我安全鎖好那群土匪之後，可憐的卡莉已經快崩潰了。

當下我做了一個決定，若想避免其他動物在那群土匪不斷騷擾滋事下，全變得歇斯底里，我必須給牠們一個合適的籠子。於是我替牠們造了一個極好的家，具備各種現代化設施，一邊是寬敞的臥室，另一邊是開放式的遊戲場及餐廳，還裝了兩扇門，一扇可容許我的手伸入牠們的臥室，另一扇是食物送進牠們餐廳的通道。但問題出在餵食這件事。牠們每次一看見我端盤子走過去，立刻擠向門口，不停興奮尖叫。門一開，全部衝出來打翻我手裡的盤子，再隨著盤子摔倒在地，長毛獴、生肉、生蛋、牛奶，全混成一團，一塌糊塗；我若去抱牠們出籠，時常被咬，不是因為牠們想報復，而是牠們又以為我的手指頭是食物。所以說，餵那群土匪不但浪費時間，而且很痛。等我終於安全帶牠們回英國，我被牠們咬的次數，比被我曾經蒐集的任何動物咬的次數，至少多出兩倍。當我終於將牠們交給一家動物園後，心中真是如釋重負。

隔天我去看牠們適應得如何，發現牠們被關在一個大籠裡啪嗒啪嗒走來走去。在我眼裡，牠們在全新的環境裡顯得既失落、又迷惑，我心裡想：可憐的小傢伙，氣都洩光了！一副悶悶不樂、孤苦無依的樣子。我心裡開始難過，後悔跟牠們分開，便將手指伸進籠眼內搖一搖，一邊叫牠們，以為讓牠們聽到熟悉的聲音，會感覺好過些——我真是太蠢了！那群土匪立時三位一體從籠子另一頭衝過來，就像三隻牛頭犬，一臉堅決地緊緊咬住我的手指。我痛得大叫一聲，好不容易把手指扯出籠外，一邊忙著擦乾手上的鮮血，火速轉身離開，心裡想，到底我不是真的那麼捨不得和牠們分開。沒有那群土匪，生活可能變得乏味許多，但肯定不會再那麼痛。

威廉敏娜

大部分的人第一次聽說我替動物園蒐集野生動物時，都會以同樣的順序，問幾個同樣的問題。他們會先問：危險嗎？答案是：「不危險——只要你不犯離譜的錯！」接著他們會問怎麼捕捉動物；這個問題比較難回答，因為捕捉野生動物的方法成千上百，並非一成不變，有時是突發狀況，甚至得就地取材。第三個問題是：你會因為和動物建立起感情，遠征結束要分開時覺得依依不捨嗎？答案是：「當然會。而且有時向你照顧了八個月的動物道別，會讓你難過得心碎。」

偶爾你甚至會喜歡上一些非常奇怪的動物，一些在正常情況下你絕對無法想像自己會喜歡的動物。我記得一個最好的例子是威廉敏娜。

威廉敏娜是一隻無尾鞭蠍（whip scorpion）。倘若以前有人告訴我，將來我會喜歡上一隻無尾鞭蠍，打死我也不相信。地球上的生物形形色色，無尾鞭蠍可能是其中最不討人喜歡的成員之一。對於那些不喜歡蜘蛛的人來說（我是其中之一），無尾鞭蠍就是你的夢魘成真。無尾鞭蠍酷似蜘蛛，身體和一粒核桃差不多大，卻像被壓路機壓得極扁的聖餅，再從這塊薄片的四周長出一圈繁不勝數、又長又細又彎的腳，那一大堆腳若全部伸直，可以占據一只西餐湯碗那麼大的面積。最精采的是無尾鞭蠍前面（假使這樣的昆蟲可以分前後的話）長出兩根超長超細的腳，最長可達三十公分以上，就像一對鞭子。再來，無尾鞭蠍能夠毫不費力地以驚人速度飄忽移動：往上、往下、往左、往右……連一張衛生紙那麼薄的縫隙，無尾鞭蠍那令人作嘔的扁身體都擠得進去。

這就是無尾鞭蠍。對不信任蜘蛛的人來說，無尾鞭蠍簡直是魔鬼的化身。幸好，只要你沒心臟病，無尾鞭蠍無毒無害。

初識威廉敏娜一家，我當時正在西非熱帶森林內蒐集野生動物。在那種森林捕獵總是挑戰不斷，困難重重。困難的原因很多，首先，那裡的樹長得非常巨大，有些超過四十五公尺高，樹幹幾乎和工業用煙囪一樣粗，頂端樹葉濃密，纏滿藤蔓，樹枝上掛滿各種寄生植物，彷彿空中花園。這些樹枝和樹葉距離森林地面可能超過二十五至三十公尺，想搆到枝葉，唯一的辦法是沿著光滑得像塊木板的樹幹爬上去，而這些樹幹在二十公尺的高度以下是不長任何樹枝的。森林頂層絕對是動物最多的地方，因為樹頂上相對較安全，因此住了各種動物，牠們幾乎很少下到地面。然而想在林冠上架設陷阱，吃力不討好，辛苦又乏味。你可能花一整個早上，才找到一條通往樹頂的途徑，好不容易爬上去，在恰當的位置設下陷阱，等你終於安全回到森林地面時，「哐啷」一聲！你剛設的陷阱也跟著掉下來，整個艱苦的過程又得重新來過。爬上樹頂設陷阱很痛苦，但有其必要性；即使如此，你還是常絞盡腦汁，想利用稍微輕鬆一點的辦法去獲取你想得到的動物。而其中最有效、也最刺激的方法是煙燻巨樹法。

森林裡有些樹雖然很健康，也很堅實，但樹幹中可能會有一截、甚至整根中空。這種樹最理想，卻不容易找到。你可能在森林裡找上一整天，到頭來只找到六棵這樣的樹：真正用煙燻過後，可能只有一棵讓你豐收。

煙燻中空的樹幹其實是一種藝術。首先，若有需要，你必須先將樹幹底部的樹洞鑿大，在裡面堆些乾樹枝。接著派兩名當地人帶網子爬到樹上，把樹幹上方的樹洞及罅隙全蓋好，然後各自找個恰當的位置把守，等著捕捉逃出來的動物。一切就緒之後，便可正式升火。一等火舌冒起來，馬上拿一大把新鮮的綠葉蓋上，火焰立刻熄滅，取而代之的是一炷嗆鼻的濃煙。中空的樹幹就像一擎巨大的煙囪，將煙直往上送。你若不點一把火，絕對無法想像一根樹幹上會有多少個樹洞和裂縫。只要你注意看，就會瞧見煙像一絲絲魔法的捲鬚，從離地約六公尺、幾乎看不見的小樹洞裡裊裊飄送出來；再等一陣子，再往上三公尺處，又會有三個小樹洞像三管迷你砲筒，噴起煙來。就這樣，你隨樹幹間隔出現的幾縷輕煙，便可目睹煙燻的進度。倘若那棵樹是棵好樹，那你只能站著看煙燻到一半的高度，因為那時動物會開始往外竄，接下來就忙得不可開交了。

這種樹幹中空的大樹，如果有動物住在裡面，其實就像一棟公寓大樓。比方說，你可能會在公寓最底層找到巨大的蝸牛，每隻都和蘋果一樣大，然後看牠們從樹根附近滑出來——但蝸牛即使面臨緊急或拚命趕路的情況，速度還是很慢。跟在蝸牛後頭出來的動物，要麼喜歡住低層樓，否則就是沒辦法爬樓梯，例如蟾蜍，將背部花紋聰明地偽裝成枯葉，臉頰和身體兩側卻是美麗的紅木色。這些蟾蜍從樹幹基部蹣跚踱出，一臉氣憤卻滑稽的表情，一接觸到外面的空氣，立刻蹲踞不動，呆滯瞪視前方，變得既可憐又無助。

一樓房客疏散之後，接下來你得多點耐性，給住在較高樓層的房客一點時間下樓。每次第一批出現的幾乎都是巨型馬陸；這種動物看起來像一截截褐色的香腸，身體下面長出密密一排腳，像一道流蘇，挺迷人的。馬陸完全無害，又呆萌，我對牠們特別心軟。馬陸最可笑的怪動作，是當牠們被你擺在桌面上時走路的樣子：所有的腿一起賣力工作，動得好快好快，但牠們好像從來不知道桌緣為何物，已經走到邊緣了，還繼續往前走進空氣裡，直到身體的重量將自己摺成直角，一半身體在桌上、一半身體在桌下時，牠們才會停下來，考慮一會兒，終於判斷情況不太對勁，才從最後面那一對腳開始往後退，慢慢倒車，倒回桌面上，返回桌面後又走去另一道桌緣，一切重來！

巨型馬陸露面之後，所有高樓層的房客會同時潰散，有些從樹頂鑽出，有些從樹幹底下向外奔。或許會有幾隻松鼠：黑耳朵、綠身體、尾巴是最美的火燄色；或是巨睡鼠，從樹裡飛奔而出，身體後面毛茸茸的尾巴像一團霧；或許是一對嬰猴，睜著純真無邪的大眼睛，一雙手卻乾癟細瘦、不停顫抖，彷彿耄耋老人的手；當然還有蝙蝠：又肥又大的褐色蝙蝠，鼻子周圍的皮膚縐折如花朵，透明的大耳朵；或是亮薑紅色的蝙蝠，黑耳朵從頭頂往下扭，豬一般的鼻子。各種野生動物盛大出走的同時，到處可見無尾鞭蠍在樹幹表面上下飄忽，速度驚人、寂然無聲，給人一種神祕的恐怖感覺。你若拿網子去刷牠們，那令人噁心的扁身體會突然擠進最細的一道縫裡，過一會兒又冷不防從三公尺下方的另一道縫裡鑽出來，筆直朝你飄過來，彷彿正要鑽進你襯衫裡去。你急忙往後跳，牠又倏地消失，只見一對動個不停的觸角末梢從一道比一張名片還薄的樹皮裂縫深處探出，透露牠的藏身處。所有西非森林內的動物，就屬無尾鞭蠍嚇到我的次數最多。曾經有一次，我正好靠在一棵樹上，一隻體型特別大、腳特別長的無尾鞭蠍，骨碌從我的光臂膀上爬過。我覺得那次經驗至少讓我短命一年，至今餘悸猶存。

回頭講威廉敏娜；她是一隻家教非常好的小無尾鞭蠍，兄弟姊妹共十隻。我是因為一個巧合，捉住了她媽媽，才和她建立起親密關係。

當時我在森林裡已經燻了好幾天的樹，因為我在找一種極罕見的稀有動物——侏儒鱗尾松鼠（pigmy scaly-tail）。這種小型哺乳動物看起來像小鼠，但有一根彷彿長了許多羽毛的長尾巴，而且足踝到手腕間由一片奇怪的薄膜連接，靠著這片薄膜，牠們能像燕子一樣在森林裡自在滑翔。鱗尾松鼠會成群住在中空的樹幹裡，難就難在找到一棵裡面住有鱗尾松鼠的樹。經過許多天毫無斬獲的搜尋，我終於發現一群鱗尾松鼠，甚至還捕到了幾隻，頓覺士氣大振，連在樹上四處竄走數不清的無尾鞭蠍都變得順眼許多，願意多研究一下。忽然間我瞄到一隻看起來特別奇怪、動作也怪的無尾鞭蠍，立刻引起我的注意。首先，這隻無尾鞭蠍彷彿穿了一件綠色的毛皮大衣，罩住她整個巧克力色的身體；其次，她爬下樹幹的動作既慢又謹慎，一點都不像一般的無尾鞭蠍那樣忽慢忽快。

我心裡揣測，或許穿綠毛皮大衣和行走緩慢是無尾鞭蠍族年老的表徵，便趨前仔細觀察，結果大吃一驚，原來那片毛皮大衣竟是許許多多的無尾鞭蠍寶寶，每隻都只有我的大拇指指甲那麼大，顯然剛出生不久。寶寶和深顏色的媽媽對比鮮明，因為牠們是發亮的膽汁綠色，也就是甜點師傅裝飾蛋糕時最愛的那種綠色。無尾鞭蠍媽媽走得這麼慢、這麼莊重，是因為她怕寶寶抓不牢，掉下去。我不禁後悔自己從沒花任何工夫去調查無尾鞭蠍的私生活，所以從來不知道無尾鞭蠍也有母性，會將寶寶揹在背上。我在懊悔與自責中，當下決定那正是我補修無尾鞭蠍學分的機會，便小心翼翼捉住母無尾鞭蠍，沒讓任何一隻寶寶掉下來，帶回營地。

我將無尾鞭蠍媽媽和寶寶放在一個盒子裡，裡面擺滿樹皮和樹葉，作為掩護。每天早晨我都必須翻開樹皮和樹葉，檢查母無尾鞭蠍是否無恙——我承認每次做這件事都有點膽戰心驚。剛開始，我只要一翻動她躲在下面的樹皮，她會立刻衝出來，沿盒子側邊往上爬。每次都嚇我一跳，猛然蓋上盒蓋，同時又擔心不慎壓斷她的腳或觸角。幸好，只過三天她就習慣了，甚至讓我替她的盒子換樹葉和樹皮，不太搭理我。

我養了母無尾鞭蠍和無尾鞭蠍寶寶兩個月，期間寶寶從媽媽背上爬下來，各自在盒內找個角落住下，慢慢長大，褪去綠色，變成褐色。每隔一段時間舊皮變得太小太緊，便從背部中央裂開，小無尾鞭蠍就和蜘蛛一樣，從舊皮裡走出來。牠們每蛻一層皮，就變大一圈，而且褐色又變深一點。我發現母無尾鞭蠍應付很多獵物都不成問題，小至蚱蜢，大至甲蟲；寶寶們卻挑食嘴又刁，愛吃容易消化的食物，諸如小蜘蛛或蛞蝓等等。每隻無尾鞭蠍看起來都健康強壯，我開始為擁有牠們感到驕傲。可是有

一天我去森林裡狩獵幾個鐘頭，回營後卻發現悲劇發生了。

我將一隻很溫馴的紅猴綁在帳篷外面，那天牠咬穿繩子，四處蹓躂巡查，趁沒被發現，一口氣先吞下一串香蕉、三顆芒果和四個水煮蛋，再打翻兩瓶消毒水，最後又把我的無尾鞭蠍盒撥到地下。盒蓋一落地就震開了，無尾鞭蠍一家散了一地。紅猴這種動物習慣很壞，牠立刻著手捕捉無尾鞭蠍，全抓來吃了。等我返回營地，那隻紅猴已經又被綁了起來，正在原地猛打嗝兒。

我撿起無尾鞭蠍盒，難過地往盒裡瞅，在心裡怪罪自己，為什麼讓那盒子放在這麼容易搆到的地方；又詛咒那隻紅猴，為什麼胃口那麼好。就在那時，出乎我意料，我驚喜發現還有一隻無尾鞭蠍寶寶獨自坐在一片樹皮上，成為那次大屠殺唯一的倖存者。我溫柔地將牠移到另一個較小、防盜設備也較好的籠子裡，餵給牠一堆蛞蝓和別的可口點心，並且不為任何理由，將牠取名為「威廉敏娜」。

飼養威廉敏娜的媽媽和她手足期間，我學到許多無尾鞭蠍的習性。我發現牠們就算肚子餓了白天也會出來獵食，但通常晚上精神最好。威廉敏娜在白天時總略顯呆滯遲緩，可是一到晚上她就清醒了，而且——我敢用以下的形容詞嗎？——她會變得容光煥發、魅力十足。她在盒子裡來回逡巡，一對大螯彷彿隨時準備出擊，像觸角的那對長腳咻咻往前抽，像是一對正在探尋最佳路徑的長鞭。據說這對特別加長的腳，只具備觸角的功能；但我感覺它們的用處不僅止於此。我看過威廉敏娜朝一隻昆蟲揮舞這對長腳，同時全身緊繃，準備隨時發動攻擊，猶如她這對腳可以嗅到、並聽見獵物似的。有時她利用這種跟蹤偷襲法獵食，有時卻靜靜守候，等待倒楣的昆蟲直接走進她懷抱，再伸出那對強而有力的大螯巧妙地收攬進她嘴裡。

隨著她漸漸長大，我給她的獵物也愈來愈大。我發現她勇氣過人，好比一頭好鬥的狸犬，對手體型愈大，牠愈想迎戰。當她必須對付和她一樣大、甚至比她還大的昆蟲，她的戰鬥技巧和勇氣每每令我著迷，於是有一天，我極不智地放了一隻非常大的蝗蟲到她籠裡。她毫不遲疑，快速撲向蝗蟲，一雙大螯緊緊抱住蝗蟲肥壯的身軀。不料蝗蟲那強而有力的後腿猛然一踢，我見狀大驚失色。纏在一起的蝗蟲和威廉敏娜一起往上彈，撞到籠頂的金屬網，發出一聲巨響，接著又一起摔到籠板上。威廉敏娜並沒有因為碰上粗暴的對手就卻步，仍然緊抱著蝗蟲不放，任蝗蟲在籠裡瘋狂地跳躍，不斷衝撞籠頂的金屬網，直到牠筋疲力盡為止。威廉敏娜這時才坐穩，三兩下就解決了蝗蟲。有過那次經驗，我總是小心選擇一些比較小的昆蟲給她，我怕再來一次那麼激烈的決戰，會折斷她一隻腳或一根長鞭。

到這個時候，我已變得非常喜歡威廉敏娜，而且不只感覺一點點自豪而已。據我所知，她是世上唯一一隻圈養的無尾鞭蠍；而且，她變得非常溫馴。只要我伸手指頭在她箱籠側板敲一敲，她會立刻從躲藏的樹皮下面鑽出來，對我揮舞她那對長鞭。我若伸手進她籠裡，她就會爬到我手上，靜靜坐在我掌心裡，讓我餵她吃蛞蝓——這種蟲一直是她的最愛。

運送動物返回英國的日子愈來愈近，我開始為威廉敏娜憂心。航程為期兩週，我不可能帶足夠的活昆蟲食物，於是我決定訓練她吃生肉。我花了很長一段時間才成功，因為我學會拿一小塊生肉在威廉敏娜面前極有技巧地扭動，誘惑她，讓她願意抓住它。靠著這匪疑所思的糧食，她依舊保持健康強壯。我們坐卡車赴海岸，一路上她表現得像一位經驗老道的旅人，幾乎從頭到尾都安坐在籠子裡吸吮一大塊生肉。上船後頭一天，陌生的環境令她有點悶悶不樂，但海風似乎令她精神一振，不但很快恢復正常，反而變得有點過分活潑，沒想到最後竟導致慘劇。

有一天傍晚我去餵她，還沒搞清楚狀況，她已經一骨碌爬上我手肘，然後掉到一塊艙口蓋上。眼看她即將往一道縫隙裡擠進去，展開她的巡查之旅，幸好我反應快，即時捉住她。接下來幾天我每次餵她都特別小心，她似乎也安靜下來，恢復她一向的沉著冷靜。

又有一天傍晚，她對著我猛揮她那對長鞭，一副可憐兮兮的樣子。我把她從籠子裡拿出來，放在我掌心裡，然後拿出錫罐裡剩下的幾隻蛞蝓餵她吃。她先吃了兩隻，安靜又漂亮地坐在我手裡，坐了一會兒，突然往上一躍。她選的時機太巧、也太糟糕了，在她躍入空中的剎那，一股海風吹過艙壁，將她捲走。我只瞄到她那對長鞭狂亂揮舞，一閃即逝。剎那間，她已飄過欄杆失去蹤影，被吹進那一大片不斷起伏的海景裡。我疾步趕到欄杆邊往外四處張望，但在海浪與泡沫拍擊之間，不可能看見這麼小的東西。我趕忙將她的籠子也丟進海裡，祈禱她找到後充當木筏。我明白這個心願十分可笑，但我不願想像她被淹死，而我只能束手無策地旁觀。我為自己的愚蠢懊惱不已，居然把她拿出籠子。我從來沒想過，自己會因為失去一隻無尾鞭蠍難過到這種程度。我已經變得非常喜歡她，相對地她似乎也信任我。我們的緣分以這種方式結束，是個莫大的悲劇。唯一的安慰，是有幸與威廉敏娜共處的這段時間。而從今以後，我再也不以厭惡的心態看待無尾鞭蠍。

養食蟻獸

如果你蒐集了兩百隻鳥類、哺乳類及爬蟲類動物，牠們會像兩百個脆弱的小嬰兒，等待你照顧。這是一份必須付出無比耐心的辛苦工作。你必須確保牠們飲食得當、籠子夠寬敞，待在熱帶地區時不致太熱、返回英國期間與之後不會受寒；你還得替牠們打蛔蟲、除扁蝨及跳蚤、洗籠子和飯碗水盆，確保牠們生活的環境一乾二淨。

但最重要的，你必須讓你的動物「快樂」！野生動物如果活得不快樂，無論你照顧得多好，都不可能在圈養的狀態下生存。我指的當然是那些已成年、在野外捕捉到的野獸。偶爾，你會獲得一隻動物寶寶，或許牠的母親發生意外，或許牠迷失在森林裡。無論如何，當你面對動物寶寶，必須要有心理準備。你將為牠辛苦、為牠操心；最重要的，你必須提供牠所需要的溫情及信心，因為過了一、兩天之後，你就變成牠的父母，動物寶寶將完完全全地信任和依賴你。

這類情況有時會令你日子很難過。我曾經同時飼養六隻動物寶寶，那可不是開玩笑。先不談別的，試想你必須半夜三點爬起來，在半醒半睡的狀態下，跌跌撞撞去沖六瓶不同的奶，再拚命睜開愛睏的眼睛，確保每一瓶你所加的維他命和糖漿都是正確的劑量，心裡同時反覆嘀咕著，三個鐘頭後還得起床重複同樣的工作。

幾年前，我和妻子遠赴巴拉圭蒐集動物。這個國家幾乎位於南美洲正中央，狀似裝靴的盒子。我們在廈谷大草原（Chaco）內一個荒遠角落裡，蒐集到一大群可愛的動物。蒐集動物遠征途中可能會發生各種與動物無關的事件，打擊你的計畫或令你感到氣惱；幸好，政治一直與我的遠征無關。可惜那一次，巴拉圭的人民決定趕在那時鬧革命，我們不得不將蒐集來的動物幾乎全數放生，然後搭乘一架四人座的小飛機，逃往鄰國阿根廷。

撤退前，一名印第安人拎著一只麻袋踱進營地，我們聽見一種非常奇怪的聲音從麻袋裡傳出來，那聲音有點像一把痛苦萬狀的大提琴，也有點像一頭喉嚨發炎的驢子。只見印第安人打開麻袋，從裡面倒出一隻小動物——我從來沒見過那麼討人喜歡的小東西！——一頭大食蟻獸（giant anteater）幼崽！牠可能只有一個多星期大，體型和一隻柯基犬差不多，身上的毛為黑、白及灰白三色，鼻吻部很長很細，眼睛極小，而且彷彿視線模糊。印第安人說在森林裡發現牠，顯然迷路了，孤單地像隻鵝似地叭叭叫個不停；印第安人覺得母食蟻獸可能被美洲豹吃了。

食蟻獸寶寶突然出現，令我十分為難。我清楚我們即將啟程，飛機太小，而我們已經決定有五、六頭動物無論如何一定要想辦法帶走，所以必須捨棄大部分器材。在那個階段收下一隻體重不輕、必須親手餵奶、養起來非常麻煩的大食蟻獸幼崽，簡直是瘋狂的舉動。而且，不說別的，我從來沒聽說過有人嘗試用奶瓶餵養大食蟻獸幼崽：整件事顯然完全不可能。我在心中打定主意的同時，仍一臉可憐兮兮、叭叭叫個不停的食蟻獸寶寶，突然發現我的腳，高興地「叭」一聲，一骨碌爬上來，然後蜷在我大腿上，睡著了。我一言不發，依照印第安人開的價格付了錢，從此當上食蟻獸的父親；而我的小獸，無疑是我見過最迷人的小孩。

第一個難題立刻出現。我們有嬰兒奶瓶，但所有的奶嘴都壞了。幸好，經過逐戶搜索整個村莊之後，我們搜出一只看起來年代湮遠且極不衛生的奶嘴。經過一、兩次啟用失誤後，之後食蟻獸寶寶用奶瓶喝奶的情況遠比我想像得順利。可是餵她卻是件苦差事。

食蟻獸幼崽在這個階段，整天都趴在媽媽背上；既然我們決定當她的父母，她也堅持無時無刻要趴在我或我妻子身上。她的爪子約莫七、八公分長，而且力氣極大、抓得很用力。吸奶時，她的三隻腳爪非常親愛地掐住你的腿，剩下來那隻腳爪握住你的手指，並且極規律地用力擠壓，想必她相信這麼做可以增加奶的流量。於是每次餵完奶，都像是剛遭受一頭灰熊襲擊，手指頭還被門夾住。

頭幾天，為了讓她安心，我整天揹著她。她喜歡橫在我脖子後面，長鼻子掛一邊，長尾巴掛另一邊，就像圍一條毛皮領。我只要一動，她立刻恐慌地抓得更緊——非常非常痛！直到她抓破我的第四件襯衫之後，我決定不能再讓她趴在我身上，她得去趴住別的東西。於是我找來一只麻袋，裡面塞滿稻草，然後把袋子介紹給她；她毫無怨言地接受了。從此，不餵奶的時候，她就躺在自己的籠子裡，抱住她的「保母」，非常快樂。我們早已將她取名為「莎拉」，她養成抱麻袋的習慣之後，我們再給她冠個姓，稱她為「莎拉・赫格塞克」*。

莎拉是個模範寶寶。不餵奶的時候，她就靜靜躺在自己的麻袋上，偶爾伸個懶腰，吐出一根長達三十公分、粉紅帶灰、黏答答的舌頭。餵奶時間一到，她會狠狠地吸奶，只見奶嘴很快就從紅色變成淡粉色，而且末端的洞像得跟火柴棒那麼大，頹喪地從奶瓶頸部垂下來。

搭乘那架看起來極不安全的四人小飛機飛離巴拉圭途中，莎拉一直安穩地睡在我妻子的大腿上，輕輕打鼾，偶爾還從鼻子裡吐出一堆黏答答的口水泡泡。

一抵達布宜諾斯艾利斯，我們想到的第一件事，是要給莎拉一個特別的獎賞——為她買一只簇新的高級奶嘴！於是我們不辭勞苦地到處找，終於找到一只同樣尺寸、同樣形狀、同樣顏色的奶嘴，裝到奶瓶上，遞給她。她覺得那簡直是奇恥大辱，對著那只新奶嘴「叭！叭！叭！」猛叫，彷彿瘋了一樣，然後伸出爪子極準確地一推，將奶瓶打得八丈遠。一直等到我們再裝回那只爛兮兮的舊奶嘴，她才安靜下來，乖乖喝奶。從此她緊抱著那個奶瓶，返回英國好幾個月，仍然不願意放手。

暫住布宜諾斯艾利斯期間，我們把動物養在市郊一棟空房裡，自己住市中心。但

---

* Huggersack，意為抱袋者。

是搭計程車去那棟房子至少得花上三十分鐘，而我們每天至少要跑兩趟、甚至三趟。於是我們很快發現，養一頭食蟻獸寶寶，對我們的社交生活造成極負面的影響。你是否試過向某位女主人解釋，晚餐進行到一半，你們就必須離開，因為有一頭食蟻獸寶寶在等你餵奶？後來我們的朋友都舉手投降，會在邀請我們前先打電話，問清楚莎拉餵奶的時間。

這時莎拉已長大許多，也變獨立了。晚上餵過奶之後，她會獨自在房間裡走幾圈散散步。對我們來說，這是一大進步，因為之前每次我們只要離開她一步，她就會大聲尖叫抗議。房間巡視夠了，她喜歡玩一個遊戲。遊戲的內容是：她從我們前面經過，鼻子翹得老高，尾巴則誘人地拖在地上，你得去抓住她的尾巴末端，用力扯；抓到以後，她會三隻腳著地回過頭來，抬起腳掌輕輕甩你一記。同樣的遊戲重複二十到三十次之後，她滿意了；接下來你必須把她按倒在地，在她肚子上搔癢搔上十分鐘；她會閉上眼睛，狂喜地對你吹泡泡。遊戲和搔癢結束後，她才會乖乖上床睡覺。你要是不陪她玩遊戲就想送她上床睡覺，那她肯定發飆，又踢又叫，一副被慣壞的德性。

等我們終於上了船，莎拉對坐船旅行這個主意滿腹狐疑。首先，船上氣味很怪；

而且她每次在甲板上散步，都颳著強風，幾乎將她吹倒；最後，也是她最討厭的一點，甲板永遠搖搖晃晃，先往左傾、再往右斜，從來不會靜止不動。莎拉在甲板上踉踉蹌蹌，一邊可憐兮兮地叭叭叫，長鼻子不是撞到艙壁，就是撞到艙口蓋。幸好後來天氣轉好，她似乎也享受起乘船的樂趣。到了下午，如果我有空，就會帶她去長廊甲板上找兩把躺椅，坐下來曬太陽。有一次船長甚至特別邀請她上艦橋參觀。我以為船長也被她的魅力和性格迷倒了，可是船長坦白招認，因為他每次都隔很遠，看不清楚，他想確定莎拉的身體哪邊是頭、哪邊是尾。

抵達倫敦碼頭的那一刻，莎拉令我們感到十分驕傲，因為在新聞記者及攝影師面前，莎拉表現得極為大方，分明是天生的名流角色。她甚至熱情地舔了其中一位記者，那可是一項殊榮！我趕緊幫那位記者擦去他衣服上一大片黏答答的口水，同時告訴他莎拉平常不會隨便舔陌生人的——可惜那位記者臉上的表情告訴我，他不欣賞這項殊榮。

莎拉直接從碼頭轉入德文郡的動物園。我們雖然捨不得，但動物園定期向我們報告她的進展，我們知道她適應良好，而且和她的飼育員建立起深厚的感情。

幾星期後，我受邀至皇家節日大廳*演講，主辦單位想到一個好主意，認為我應該在演講結束前介紹幾隻動物；我立刻想到莎拉。動物園及主辦單位都願意配合，但當時是冬天，所以我堅持必須給莎拉一間更衣室。

我們去派丁頓車站與莎拉和她的飼育員會合。莎拉被關在一個巨大的籠子裡，因為此時她已經長得和一隻愛爾蘭赤毛獵犬一樣大了。她在車站月臺上造成轟動；她一聽見我的聲音，立刻撲到籠邊，伸出一根長三十公分、黏答答的舌頭，給我一個潮溼熱情的問候，站在籠子附近的人都嚇得往後退，以為有隻怪蛇從籠子裡逃出來。我們費了一番脣舌，才找到一位膽大的行李員，願意幫我們推籠子。

抵達節日大廳時，交響樂團排演剛結束。我們推著莎拉的籠子走過長長的走廊，來到她的更衣室前，房門霍然打開，湯瑪斯．比徹姆爵士**走出來，嘴裡叼根大雪茄；原來莎拉要使用的就是他的更衣室。

* Royal Festival Hall，位於英國泰晤士河南岸中心，場內會舉辦各種藝文活動，亦是倫敦交響樂團固定的演奏廳。

** Sir Thomas Beecham，英國著名指揮家，長期與倫敦交響樂團及皇家交響樂團合作，對英國二十世紀初期的音樂文化影響至深。

我在臺上演講時，妻子陪著莎拉在更衣室裡四處跑，一位行李員在外面聽到聲響，大驚失色，以為莎拉從籠子裡逃出來，正在襲擊妻子。偉大的時刻終於來臨，莎拉在如雷的掌聲中被抱到臺上。她和所有食蟻獸一樣，近視得厲害，所以觀眾對她而言根本不存在。她視線模糊地環顧四周，想找到噪音來源，後來判斷那些聲音與她無關，不必擔心。我不斷讚揚她的各種美德，她全不理會，兀自在臺上蹓躂，偶爾從某個角落裡迸出嗅聞的巨響，而且時不時走到麥克風前，飛快舔一下，留下大量的黏膩口水給下一位表演者。我正在對觀眾描述她是如何地端莊有禮時，她剛好發現舞臺中央擺了一張桌子，便滿足地長嘆一口氣，靠上其中一根桌腳，開始用力蹭，搔屁股。總而言之，莎拉的演出極為成功。

演講結束後，莎拉在更衣室內招待幾位特別來賓，人來瘋，變得非常頑皮，甚至衝到外面走廊來回大步狂奔了一陣。最後我們將她包得暖暖的，送她和飼育員坐上夜車。

我們聽說莎拉回到動物園之後，完全變了樣，像個被寵壞的小孩。一夜成名，讓她沖昏頭。整整三天，她拒絕獨處，不停在籠裡跺腳、叭叭叫，除非飼育員用手餵她，否則她什麼都不肯吃。

又過了幾個月，我希望莎拉能上我的電視節目，於是她再次涉足五光十色的演藝圈。排演時她舉手投足皆穩重端莊，只不過她一直很想近距離研究攝影機，所以我們必須不時架開她。等拍攝結束，她卻不肯進籠子，最後四個成年人——我、我妻子、莎拉的飼育員，加上節目製作人——合力才成功推她進去。莎拉那時幾乎已經成年，體型變得很大，從鼻尖到尾端共一百八十三公分，四足著地肩高九十公分，前臂和我的大腿一樣粗。

直到最近，我們去動物園探望莎拉，與她重聚。上一次見面已是半年前的事了。老實說，我以為她可能會忘記我們。我雖然是食蟻獸的忠實粉絲，但也必須承認這種動物的腦容量不大，六個月對牠們來說，是一段很長的時間。但我們一叫她名字，她就立刻從臥室裡大跨步奔出來，衝到籠邊舔我們。我們還進籠去陪她玩了一會兒，這證明她的確記得我們，因為除了她的飼育員，沒人敢進她的籠子。

我們雖然捨不得，最後仍必須向她道別，留下她獨自坐在稻草上對著我們吐泡泡。我妻子說得對：「就像將孩子留在寄宿學校裡一樣。」對莎拉而言，我們的確是她道道地地的父母。

昨天我們聽到一個好消息：動物園幫莎拉找到一個伴。這頭公食蟻獸還年輕，暫時不能和她關在同一個籠裡，但他很快會長大。誰知道咧？或許明年此時，動物園會添一頭活潑健壯、精力充沛的食蟻獸寶寶，那我們就升級當祖父母了。

帕夫洛寫真

有個現象極有意思。我們養寵物的時候，容易將牠們看作迷你的同類，於是自然而然地把自己的性格特質投射在牠們身上。這種動物擬人化的傾向有時極難避免。比方說，你養了一隻金色的倉鼠，經常看牠坐直身體吃硬果，小小的爪子因興奮而顫抖，兩邊臉頰鼓凸凸的，那是因為牠把暫時吃不下的食物全藏在裡面。或許有一天你靈光一閃，覺得那隻倉鼠看起來像極了你的艾莫斯叔叔，坐在他喜歡的俱樂部裡，裝了一肚子的波爾特葡萄酒和堅果。一道成見於焉成形，從此覆水難收！倉鼠表現得還是倉鼠，但你只看見一位迷你的艾莫斯叔叔，穿著薑色的毛皮大衣，永遠坐在他的俱樂部裡吃得臉頰鼓凸凸的。世界上性格強烈鮮明的動物不多，只有那樣的異數才能逃過世人的擬人化傾向。牠們表現出極端的性格，逼得你非視其為獨立個體不可，而不再是某人的迷你複製品。我為英國蒐集的野生動物數目多達數百隻，自己也養了不少，但在我記憶中，曾經接觸過具備強烈特殊性格的動物個體約莫只有一打。牠們不僅與同類的動物迥然不同，也澈底挫敗我總愛用將動物擬人化的傾向；我無法拿任何事物與牠們類比，牠們只像自己。

帕夫洛正是如此。帕夫洛是一隻黑簇耳狨（black-eared marmoset），牠的故事得從我遠赴英屬圭亞那蒐集動物說起。有一天傍晚，我靜靜坐在林間空地邊緣的矮叢旁，盯著土堤上的一個洞瞧，因為我相信那個洞裡肯定住了某種動物。當時太陽西斜，我的天空染成一片絢爛的橙紅，再貼上森林巨樹的剪影，每棵樹的樹枝纏滿爬藤植物，彷彿每棵樹都由一張巨大的蛛網罩住。再沒有任何地方比向晚時分的熱帶森林更讓人心靈澄靜。我坐在那裡，接收聲、光與色，心靈一片空白，對萬物開放，不正是佛教徒所謂證悟涅槃的第一步嗎？霎時，我的定境被一種極尖銳又持續不斷的吱吱叫聲給破壞殆盡，那叫聲如此響亮、如此高亢，就像拿一根針往我耳朵裡刺。我謹慎地抬頭張望，想找出聲音來源。那聲音既不像樹蛙、也不像昆蟲；因為太尖銳、又無調性，所以也不像鳥鳴。終於被我找到了。在距離我約九公尺高的一根大樹枝上，一隻極小的狨猴正把樹枝當作主要交通幹道，在我頭頂上小跑步，靈巧穿梭在蘭花與寄生植物之間。牠在我注視下停步，坐上自己的後腿，又尖叫出一串刺耳的聲音。這一次，遠方傳來回應。不一會兒，另外兩隻狨猴陸續加入，牠們先興奮地彼此對叫幾聲，隨即分頭在蘭花叢裡專心覓食，偶爾找出一隻蟑螂或甲蟲，便樂得吱吱尖叫。其中一隻在一大叢蘭花裡追捕某種獵物，不斷撥開葉片往裡瞧，小臉上的表情極專注。每次牠伸手去抓，似乎都被葉子擋住，蟲子又躲去葉子的另一面。終於，可能是靠運氣而非技巧吧，牠又伸出小手往葉叢裡一探，立刻得意地啁啾一聲，然後緊握小拳頭抓出一隻肥蟑螂。那隻蟑螂體型很大，扭動得厲害，牠可能是怕了，便將整隻蟲囫圇塞進嘴裡，坐下來咔嚓咔嚓咀嚼，非常快樂。等牠吞下最後一口之後，便小心翼翼地檢查自己的兩隻手掌，手心、手背都看仔細，確認沒剩下任何渣滓。

狨猴的私生活讓我看得忘了時間，等那一小群狨猴移師返回已然昏暗的森林，我回過神來才發現脖子抽筋，而且一條腿已經麻了。

隔了很長一段時間之後，我又與狨猴重逢。這一次是因為我遇到一些問題，走進倫敦一家寵物店詢問，一走進店裡便看見一只籠子裡擠了十隻狨猴，每隻看起來都可憐兮兮、邋裡邋遢。籠子裡非常髒，棲木太小，十隻狨猴不停爭吵推擠搶位置。大部分猴猴皆已成年，但有一隻小狨猴看似處境最慘。牠非常瘦小、皮毛凌亂，而且每次搶位置、換位置，都是牠倒楣，被推下棲木。我凝視那一小群全身顫抖、可憐巴巴的狨猴，憶起我在圭亞那看見的那個狨猴小家庭，如何幸福快樂地在蘭花叢裡找蟲子吃，心想若不至少拯救一隻，實在踏不出那家店門。於是，我在五分鐘內繳付了自由的代價，籠裡最小的那隻被拽出來，嚇得不停尖叫，然後被塞進一個大紙盒裡。

我帶他回家，替他取名為帕夫洛後介紹給家人，每個人都滿腹狐疑地直瞪著他瞧。即使如此，帕夫洛一安頓下來，立刻各個擊破、逐一征服，在極短的時間內，讓家裡每一位成員都屈服在他小小的手掌心裡。他的身形雖小（坐在一只茶杯裡剛剛好），個性卻極富英雄色彩，就像拿破崙，讓人無法抗拒。雖然牠的頭只有一粒果核頭那麼大，但我們很快意識到，那顆小頭裡裝的腦子卻極聰明、理解力超強。剛開始我們讓他待在一只大籠子裡，擺在人來人往的起居室內，他不至於感到孤單，可是他明顯不喜歡受到束縛，於是我們每天放他出籠一到兩小時——那是我們慘敗的開端！沒多久，帕夫洛便說服我們，根本沒必要留下那個籠子，於是籠子就被送去垃圾場了，整棟房子變成他每天二十四小時自由活動的場地。我們接納他，覺得他是家庭裡的一位迷你成員，他卻表現得像一家之主，我們都是他的客人。

猛一看，帕夫洛像隻奇怪的松鼠，但仔細看，你會注意到他非常人性化的臉，和他那一對閃閃發亮、精明狡黠的棕色眼睛。他身上的毛很軟，卻顯得斑斑駁駁，因為每根毛從基部到頂端都是橘紅、黑、灰三色，尾巴卻是黑白相間的環狀紋；他的頭和頸部都是巧克力色，毛很長，參差不齊地圍住肩膀和掛在胸前；耳朵很大，但被同樣巧克力色的長耳簇遮蓋；還有一道寬白紋，橫過他的額頭，在他眼睛和散發貴族氣息的小小鼻梁上方。

每一個人，有的稍具動物常識，只要一看到他，都言之鑿鑿向我保證，我養他的日子不會長久。他們說，狨猴來自南美洲的熱帶森林，移居到英國這種氣候，絕對活不過一年。那些人樂呵呵的預言似乎沒錯，因為六個月後，帕夫洛突然癱瘓，腰部以下完全喪失活動能力。那些預言家勸我們送他去安樂死，我們卻不願放棄，努力想挽回他的生命。帕夫洛不像在受苦，所以我們持之以恆替他做復健，每天四次，用加溫過的魚肝油替他按摩背、尾巴和小小的腿，並在牠的特殊飲食（包括葡萄和梨等各種可口水果）裡多加些魚肝油。他總是可憐兮兮躺在坐墊上，為了保溫全身裹著棉絮，家人輪流伺候他。他最需要的是陽光，很多很多陽光，可是在英國，陽光格外珍貴。於是鄰居經常看見我們抱著家裡的迷你病人到外面院子裡，不斷移動小病人的軟墊，追逐陽光。這樣折騰一個月左右，帕夫洛終於可以稍微挪動他的腳和尾巴；再過兩個星期，便可一瘸一拐地在家裡走路，快變回他老樣子了。我們非常高興——只不過房子裡那股魚肝油腥味卻整整數個月散不掉。

帕夫洛生病以後，非但沒變得孱弱不堪，反而更強硬，有時候簡直像個打不垮的強者。我們從來不嬌慣他，唯一給他的特權，是冬天帶一個熱水袋上床睡覺。他非常愛他的熱水袋，甚至在仲夏，都要抱著熱水袋睡覺。他的臥室是擺在我母親臥房裡一座高窄櫥櫃裡的一個抽屜，床具是一件舊晨衣和一小塊剪下來的毛皮大衣。送帕夫洛上床是一項非常繁複的儀式：首先必須在抽屜裡鋪好舊晨衣，然後將熱水袋裹在裡面，免得燙傷他；接著必須把那片毛皮捲得像個小洞穴，帕夫洛才會爬進去，像個球似地蜷起身體，再幸福滿滿地閉上眼睛。剛開始我們會關上抽屜，只留一道縫通風，希望能夠制止帕夫洛太早起床。可是他很快發現只需頭一頂，便可輕易頂出那道縫，然後逃之夭夭。

每天早上約六點鐘他就會醒來，發現自己的熱水袋已經冷了，便離開安全的抽屜，去找尋另一個溫暖的地方。他會快速衝過地板，沿著我母親的床腳爬到鴨絨被上，再從床尾爬到床頭，一路發出歡迎的吱吱叫聲，最後鑽進溫軟的枕頭底下，舒適地待在裡面，直到我母親起床。等她終於下床，留帕夫洛獨自在床上，他會大發脾氣，站在枕頭上喋喋不休地咒罵、尖叫。等到他確定母親並不打算回來替他暖床，就會趕緊衝出走道，跑進我房間，鑽進我的被窩，舒舒服服地趴在我胸口上，直到我也該起床了；他會站在我的枕頭上辱罵我，小臉陰沉著對我怒目而視——那個表情特別人性化！他把對我的感想全發洩完之後，又會溜去我哥哥的床上。等到我哥哥也離開房間，帕夫洛會跑去找我姊姊，在早餐前再睡上一覺。如此一般逐床移棲，即是帕夫洛每天的早課。

下了樓之後，可供他選擇的熱源就多了。起居間有一盞很高的立燈是他專用的；冬天，他會爬進燈罩，坐在燈泡旁取暖。火爐前還擺了一把腳凳和一個軟墊，那也是他的；可是他比較喜歡立燈，所以那盞燈整天都得開著，讓我們的電費三級跳。待春天回暖，帕夫洛會冒險到外面花園坐坐。他最愛流連的地方是籬笆；他會坐在上面曬太陽，或在上面逡巡捕蜘蛛和其他可口的點心。那道籬笆的中段有一座鐵條搭成的藤架，鐵條早已生鏽，而且架上爬滿藤蔓，每次帕夫洛感覺安全受到威脅，就會鑽進那堆藤蔓裡避難。帕夫洛和我們隔壁鄰居家養的大白貓結下夙怨，鬥爭長達數年。那隻貓顯然覺得帕夫洛是一種奇怪的老鼠，所以她有責任及義務咬死帕夫洛。她會花很長的時間，不厭其煩地跟蹤帕夫洛，找機會偷襲，可惜她那一身白毛像個大雪球，在綠葉襯托下再醒目不過，所以帕夫洛從來沒上過她的當。帕夫洛會等她逼近，回頭看她那閃爍的黃色貓眼，貓舌頭在貓嘴上快速輕彈，然後在最後一秒鐘，一溜煙從籬笆上竄進藤蔓裡。一旦安全了，帕夫洛就會像個淘氣的頑童，躲在花叢裡破口大罵尖叫，飽受挫折的貓只能在藤蔓外面轉圈圈，拚命想找個容得下她肥胖身軀的縫隙。

在房子與帕夫洛藏身的藤架間，有兩棵小無花果樹，種在籬笆旁。我們在這兩棵小樹周圍挖了兩圈深溝，天氣炎熱時便在溝裡注滿水。有一天帕夫洛又在籬笆上閒逛，一邊找蜘蛛、一邊自言自語。不料一抬頭，赫然發現他的頭號敵人，那隻大白貓，竟坐在他和那座藤架之間，所以他唯一的逃生路徑，便是回頭沿籬笆奔回屋內。帕夫洛轉身就跑，邊跑邊尖叫呼救。大白貓走鋼索的技術比不上帕夫洛，因此速度稍慢，即便如此，她仍逐漸迫近。等帕夫洛跑到無花果樹旁，貓已經到他身後了，帕夫洛一緊張，在籬笆上一腳踩空，恐懼的尖叫聲未歇，已經啪一聲掉進水溝內。帕夫洛很快浮出水面，一邊噗噗吐水、一邊繼續尖叫，同時在水裡繞圈子拍水掙扎；大白貓則坐在水溝旁一臉驚異地看著他，顯然她從來沒見過水生的猢猻。幸好，趁她還沒回過神、將利爪伸進水裡撈出帕夫洛之前，我已及時趕到現場。大白貓立刻逃逸，我一把救起暴怒中的帕夫洛。那個下午，帕夫洛一直坐在火爐前，身上裹著小毛毯，臉色陰沉不斷嘟嘟囔囔。那次事件令他神經衰弱，之後足足一星期不肯再上籬笆，而且只要一看見那隻大白貓，就失聲尖叫，若是沒人抱他到肩膀上安慰他，他會尖叫個沒完。

帕夫洛活了八年。就像一個住在我們家裡的矮妖精[*]，永遠不知道下一分鐘將發生什麼事。他從來不願適應我們的生活方式，總要求我們去適應他。比方說，他堅持

---

* leprechaun，愛爾蘭傳說裡著名的小精靈，長得像小老頭子，紅鬍子、穿綠衣，喜歡蒐集黃金，藏在彩虹盡頭，很愛找麻煩。

和我們一起用餐，而且他吃的東西必須和我們吃的一樣。他會坐在窗臺上吃，食物裝在一只茶碟裡。早餐，他吃點麥片粥或玉米片，加溫牛奶和糖；午餐是綠色蔬菜、洋芋和一匙我們吃的甜點；下午茶時間，我們必須強行制止他上桌，否則他會興奮地尖叫，一頭栽進果醬罐裡。他總覺得果醬是專門為他擺上桌的，你若在這件事上與他意見分歧，他會格外不悅。傍晚六點必須送他上床，要是遲了，他就會在他的抽屜外面憤怒地來回踱步，氣得身上的毛全豎起來。每個人都學會在關門前先抬頭確認帕夫洛沒坐在門上——不知為何，他就是喜歡坐在門上冥想。依他看來，我們最可怕的罪行，是丟他在家裡一個下午，跑出去不見人影。我們回家後，他非讓我們清楚他心裡的感受不可，要讓我們感到羞恥；當我們試圖向他攀談，他會轉身背對我們，走到角落裡坐下，小臉陰沉下來，怒目瞪視我們。冷戰半小時之後，他才心不甘情不願地原諒我們，然後在入睡前紆尊降貴接納我們奉上的一粒方糖和一點溫牛奶。帕夫洛的情緒變化也十分人性化：他若脾氣暴躁，便對你怒目相向，嘴裡一邊嘟嘟囔囔叨唸個不停，搞不好還咬你一口；但若碰上他心中充滿溫情愛意，又一臉可愛的表情挨近你，對你吐舌頭、快速咂嘴脣，爬到你肩膀上，反覆輕咬你的耳朵。

STRAWBERRY

他在屋裡移動的方式令所有人嘖嘖稱奇。他非常討厭在地上跑，所以非不得已，絕對不下地。假使他還住在森林裡，就會沿著樹枝或藤蔓在樹間移動，可惜郊區房屋欠缺如此完善的設施，帕夫洛只好將畫框當作大馬路，速度奇快地在畫框上奔跑、或單手單腳吊在上面、或像隻毛毛蟲拱起身體沿著畫框爬行，直到牠可以跳上窗臺。他爬上一道光滑的門緣，比我們爬樓梯還容易，而且速度快得多。有時他會求狗兒讓他搭個便車，冷不防跳到狗身上，緊抓不放，活像個迷你辛巴達老海怪。狗呢，因為接受過教導，明白帕夫洛的身體神聖不可侵犯，只好以求救的眼神默默瞅我們，等我們從牠身上抱走帕夫洛。狗出於兩個原因不喜歡帕夫洛：第一，狗不懂為什麼大家會讓這樣一隻像老鼠的小東西在家裡稱王；第二，帕夫洛老愛對狗惡作劇。帕夫洛會在狗經過的時候，突然倒掛在椅子把手上，揪住狗的眉毛或鬍鬚，然後很快彈回椅子上，再跑得遠遠的。不然就等狗睡熟了，出其不意地偷襲狗的尾巴。偶爾雙方會休戰，狗靜靜躺在火爐前，讓帕夫洛蹲在狗肋骨上，勤快地幫狗梳毛。

帕夫洛駕崩時，完全遵循維多利亞式的傳統安排自己臨終的一幕。之前他已身體不適一、兩天，一直待在我姊姊臥房窗臺上曬太陽，躺在他那片毛皮大衣上。一天早上，他突然激動地對我姊姊吱吱叫，我姊姊緊張地呼叫家人，說她覺得帕夫洛快死了。每個人立即放下手邊正在進行的事，奔上樓去，聚集到窗臺旁小心觀察帕夫洛。但他看起來很正常，沒什麼不對勁。帕夫洛啜了一口我們奉上的牛奶，躺回他那片毛皮大衣上，然後他那雙發亮的眼睛巡視我們一周。正當我們判斷那是個假警報，他突然全身一癱。大家慌亂地將他緊閉的上下顎扳開，往他喉嚨裡再倒了一點牛奶。過了一會兒他才慢慢恢復知覺，軟綿綿癱在我捧起的手心裡。帕夫洛悠悠醒轉後看了大家一眼，用他剩下的最後一口氣，對我們吐一吐舌頭、咂咂嘴唇，表達了最後的愛意，然後往後一倒，安然離世。

少了帕夫洛快速奔跑的身影和火爆脾氣，屋裡和花園一片空蕩。看見蜘蛛，再也沒人高喊：「帕夫洛在哪裡？」早晨六點鐘，再也沒人因為帕夫洛冰冷的小腳放在你臉上被驚醒。從沒有任何一隻寵物像帕夫洛那樣，成為我們家庭的一分子；他的死令我們所有人哀痛不已，就連隔壁那隻大白貓都顯得落落寡歡。少了帕夫洛，我們家的花園失去了情趣，再也沒有味道。

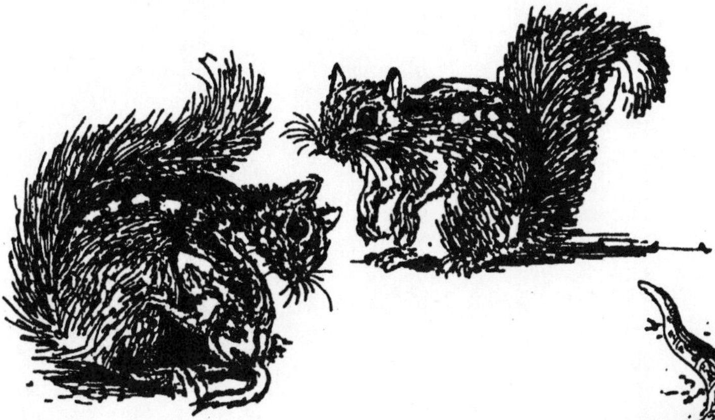

第四部

人這種動物

The Human Animal

當你遠征世界各個角落蒐集動物，出於必要，你肯定也會蒐集到一些人類。我對於人類的缺點忍耐度遠遜於對動物的寬容；幸好，我在這方面十分幸運，行旅途中遇見的人都很可愛。當然，在大多數情況下，蒐集動物這個職業對我幫助也不小，一旦聽說我從事這項不尋常的工作，人們總顯得特別開心，願意傾力協助。

我認識最迷人、風度最好的一位女士，曾在布宜諾斯艾利斯市中心的大街上，幫我將兩隻天鵝塞進一輛計程車的後車廂內；你若曾經在布宜諾斯艾利斯城裡招計程車運送動物，便可了解過程有多麼困難。一位百萬富豪讓我在他美侖美奐的聯排別墅前廊堆放成排野生動物的籠子，即使一頭犰狳逃出籠子，把他最顯眼的展示花壇搗得稀巴爛，仍保持君子風度、心平氣和。當地一家妓院的老鴇曾擔任我們的管家（指揮她旗下不接客的女孩幫忙做家務），甚至為我們伸張正義，攻擊當地的警察局局長。非洲有一位男士，雖然他因特別不喜歡陌生人及動物而惡名昭彰，卻供我們住他的房子長達六星期，並任由我們在他屋裡裝滿各種青蛙、蛇、松鼠及獴等奇奇怪怪的動物。一艘客輪的船長曾在深夜十一點脫下外套、捲起袖子，幫我清洗獸籠和為動物切水果和肉。

我還認識一位畫家，跋涉千里，遠道而來，本來計畫替印第安部落畫像，和我的工作扯上關係之後，從此一有時間就幫我捕捉動物，一幅畫也沒完成；事實上他也畫不成，因為他所有的油畫布都被我拿來做蛇箱了。一位任職於公共工程部的倫敦東區小個子，在完全不認識我的情況下，駕駛他全新的奧斯丁牌汽車，載我穿越非洲一百六十多公里恐怖至極的爛路，只因為我想印證一則有關大猩猩幼崽的傳聞；旅程結束後，除了頭痛宿醉和一根斷掉的彈簧，他什麼好處也沒得到。

每當我遇見這類古怪有趣的人，總有股衝動，想放棄蒐集動物，轉而研究人類學。可是我也碰過非常討厭的人類動物，例如一位談話總愛拉長聲調的地方官員：「我們咧，就是專門在這裡幫助你們的……」，緊接著卻無所不用其極地阻撓我，引發種種不愉快；或是一位巴拉圭監督員，有一次印第安人捕捉到我想要的一隻極美的珍稀動物，而且正等我去取，只因他看我不順眼，便封鎖消息長達兩週；等那隻動物終於送到我手中時，已經染上肺炎，虛弱得連站都站不起來，不到四十八小時就死了；還有一位精神異常的水手，視虐待為幽默，一天夜裡將一排籠子推倒在地，其中一個籠子裡關了一對珍稀的松鼠，牠們剛生下一隻小松鼠，那隻松鼠寶寶因此死了。

幸好討厭的人只占少數，而我遇見的那些可愛的人早已大大彌補所有不愉快的經驗。即便如此，我想我還是會選擇與動物為伍。

麥涂德

當人們獲知我的工作性質之後，通常詢問我的第一件事，都是想知道我在他們所謂的「叢林」中「冒險犯難」的細節。

首度遠征西非，返回英國後，我興奮無比地向人描述那片我居住與工作所在、面積超過數百平方公里的雨林，我訴說在森林裡度過的許多快樂時光，並表示自己從未置身險境，或遭遇任何「恐怖」經驗。沒想到人們聽我這麼說之後，若非責怪我太謙虛，否則即認定我是名騙子。

二度遠征西非途中，我在船上認識一位姓麥涂德的愛爾蘭青年，他即將赴喀麥隆一座香蕉種植園工作。他向我坦承，說他從未離開英國，而且堅信非洲是地球上最危險的大陸。他最深的恐懼，似乎是擔心全非洲的蛇類都將聚集到碼頭上迎接他。為了緩解他的不安，我告訴他，我在森林裡住了整整八個月，只看見五條蛇，而且蛇一看見我就一溜煙逃走，根本不給我機會去抓牠們。他問我捉蛇是否危險，我誠實地說，只要你保持冷靜，而且了解蛇的習性，大部分的蛇都不難抓。我們的對話顯然讓麥涂德安心不少，上岸前他信誓旦旦地表示，一定會在我返回英國前替我取得一批稀有樣種。我謝謝他，然後轉頭就忘了這件事。

五個月之後，我已蒐集到約兩百頭動物，小至蚱蜢、大至黑猩猩，正準備啟程返回英國。就在客輪即將離港的那個深夜，一輛小貨車駛近，響起刺耳的剎車聲，在我營地外停下，我那位愛爾蘭朋友下了車，身邊陪同一堆朋友。他手舞足蹈地解釋，說他已經找到了答應要給我的樣種——顯然有人在他工作的香蕉園內挖了一個排水池，被他發現了，而且他強調「那個大坑裡住滿了蛇，蛇全是我的」，但我得自己去捉。

只因為覺得替我找到這麼多樣種，便令他如此樂不可支，讓我不忍心說穿，即便我熱中博物學，但半夜十二點爬進蛇坑探險，可不是我想像中愉快的工作項目。除此之外，他顯然還對一幫朋友大大吹捧我的捉蛇技術，還盡數帶來觀賞表演。我雖然一百個不情願，也只好答應隨他們去捉爬蟲——這輩子我做過許多決定，但很少像那一次事後嚴重後悔。

我找出一只裝蛇的大帆布袋，和一根末端加裝銅製Y型分岔的長棍，擠進小貨車，隨同一群情緒激昂的觀眾駛出營地。十二點半，我們抵達那位朋友住的小屋，大家先進屋喝杯酒，再穿越香蕉林去找那個坑。

「你肯定需要纜繩吧？」麥涂德問。

「纜繩？」我問：「為什麼？」

「為什麼？當然是吊你下那個洞啊！」他開心地說。我突然感覺自己的胃有點不適。我請他描述一下那個坑：約七、八公尺長、一公尺寬、七、八公尺深，每個人都在一旁向我保證，不用纜繩絕對下不去。當愛爾蘭朋友去找纜繩時（我多麼希望他找不到！），我很快又喝了一杯，在心裡暗罵自己太蠢，捲入這場荒誕的獵蛇會。蛇若在樹上、在地上或在淺溝裡，都不難應付，但是身上綁根纜繩被別人吊下深坑底，而且根本不確定坑內有多少蛇，這個主意可不吸引人。有人接著提出照明問題，才發現沒人記得帶手電筒，我正想趁此機會禮貌地全身而退，誰知道那朋友不但找到纜繩，回來後還堅持無論如何都會想辦法照計畫進行。他找來一盞煤油汽化燈，綁在一段繩索的末端，並向大家宣布，他會親自負責將汽化燈吊下坑替我照明。我感謝他，同時希望自己的聲音沒抖得太厲害。

「沒問題，」他說：「我已經決定了，今晚一定要讓你玩個過癮。這盞燈比手電筒好，你絕對需要強光，那坑裡到底有多少隻小惡魔，誰都不知道。」

我們又等了一陣子，等那朋友的哥哥和嫂子。朋友解釋道：因為他哥哥嫂嫂從沒看過別人捉蛇，以後可能也不會有機會，他不希望他們錯過，所以邀請他們來共襄盛舉。

終於，我們一夥八人緩步迂迴穿越香蕉園，其中七人一路談笑風生，為即將目睹好戲備感興奮。我突然想到自己身上穿的全是最不適合抓蛇的服裝：薄棉長褲、橡膠底帆布鞋，就連最小的蛇都可以輕易咬到我。我還沒機會向其他人解釋這一點，已經走到坑邊了，在汽化燈照耀之下，我感覺那個坑看起來簡直像個超級大的墳墓。朋友描述得頗為準確，可是他並未指出坑壁四周的土質乾燥鬆軟，呈蜂巢狀，布滿罅隙孔洞，再多蛇都可以藏在裡面。我在坑邊蹲下，看我朋友正一臉嚴肅地將那盞燈緩緩朝坑底降下，讓我查看洞裡的地形，及嘗試辨識蛇種。到那一刻為止，我一直在自我安慰，或許坑裡的蛇是無毒的蛇種；可是當燈光照射到坑底，那個希望也破滅了。坑底分明爬滿了加彭膨蝰（Gaboon vipers）幼蛇，那是世界上最毒的蛇種之一。

白天加彭膨蝰行動遲緩，很容易捉，可是一到晚上牠們就醒了，因為那是牠們獵食的時段，動作會快得嚇人。坑底的那窩幼蛇每隻身長約六十公分，直徑約五公分，依我看，每隻都極清醒、非常活躍，正繞著坑底快速扭動，並不時將沉重肥大的三角形頭抬起來對那盞燈行注目禮，蛇信彈進彈出，充滿暗示。

我數了一下，坑底似乎有八條加彭膨蝰，但這種蛇身上的花紋模倣腐葉堆唯妙唯肖，是否數對了我沒把握。就在那一刻，我朋友踩了坑緣一腳，踩鬆一大塊土，掉進那堆蛇中間，幾條蛇行動一致，一起抬頭發出嘶嘶聲，音量嚇人，站在坑口的所有人都嚇得後退幾大步。我趁此機會向大家解釋我衣著不適宜的問題，朋友立即以愛爾蘭人一貫的慷慨，表示願意將他身上的斜紋粗布長褲，和他腳上那對厚皮鞋借給我穿。最後一個藉口也遭否決之後，我沒有勇氣繼續抗議，只好跟著他到樹叢後互換了長褲和鞋子。朋友的個子比我高大，他的長褲穿在我身上略顯鬆垮；但他說得也對，必須捲起的那截褲腳正好給我的腳踝多一層保護。

我心情沮喪地走回坑邊，圍在坑口的觀眾們吱吱喳喳聊個不停，顯然等不及好戲

登場。我在腰間綁上纜繩（居然打了一個活結），沿坑口邊緣爬下去。想必我下降的姿態遠不如舞臺劇裡吊鋼絲的仙子那般優雅，那道坑的四周土質極鬆軟，每次想找個立足點，就會踩鬆一大塊土，掉進蛇堆裡，引起一陣憤怒的嘶嘶聲。上面的同伴緊抓纜繩慢慢將我往下放，我懸在半空中，綁在腰上的活結愈紮愈緊，等我再次往下看，發現自己的腳距離坑底約九十公分時，便對上方大喊，讓他們暫時別再把我往下送，我打算先查看坑底，選一塊沒蛇的地方落腳。仔細檢查後，我確定正下方沒看見任何蛇，於是大叫：「再低一點！」並希望自己的聲音聽起來還算強悍。就在我再度往下降的一剎那，兩件事同時發生了：第一，我借來穿的鞋子掉了一隻；第二，點汽化燈之前沒人記得必須先用幫浦打滿氣，此時燈火驟然熄滅，只剩一圈微光，彷彿一截未滅的雪茄屁股。而且就在那一刻，我光著腳踩上坑底！無論在那次事件之前、或之後，我這輩子從未感到如此恐懼。

我一動也不動杵在原處，汗如雨下。汽化燈被火速升上地面、打足氣、又被放下來；我從來不知道一盞不起眼的汽化燈能讓我這麼歡喜。坑內再度燈火通明，我感覺勇氣倍增，趕快找到那隻鞋子穿回腳上，心裡更踏實了。我的手心因為汗水變得黏答答的，立時抓緊長棍，趨近第一條蛇，用分岔的末端將蛇叉在地上，一把抓起，塞進布袋。這類手法我一點都不怕，只要別大意，捉蛇很簡單，也不危險。重點是必須叉住蛇頭，抓緊蛇的頸子，再拿起來。我比較擔心的是蛇太多，牠們在我周圍地上發狂似地亂竄，我除了必須專心對付眼前的蛇，還得分神注意是否有蛇滑到我身後，免得不小心踩到。加彭膨蝰身上的花紋及顏色極美麗繁複，由褐色、銀色、粉紅及乳白色的花斑構成，牠們若是靜止不動，身上的斑彩即是完美的偽裝，完全融入背景，難以察覺。每當我叉住一條蛇，那條蛇立刻像水壺燒開時那般嘶嘶作響，其他蛇也跟著一起嘶嘶叫，像個交響樂團，可惜是一首令人不太舒服的曲子。

過程中一度相當危險：當時我正彎腰捉一隻蛇，突然聽見嘶嘶巨響，而且聲源顯然距離我耳邊相當近：我一站直，赫然發現一對銀色的蛇眼正憤怒地瞪著我，距離我頂多只有三十公分。經過一番拋接，我才讓那條蛇下了地，趕緊伸長棍子叉住。整體來說，我雖怕那些蛇，但那些蛇更怕我，牠們總是奮力想避開我。只有被我困住了，才會凶狠地攻擊長棍，張嘴去咬銅製的分岔，發出「乒！」一聲清脆的聲響。不過其中一隻蛇肯定較有經驗，牠避開銅岔，咬中木頭，因為咬得既深又緊，彷彿一隻鬥牛犬吊在長棍上，就算我把牠從地上抬起來，也不肯鬆口。最後我只好猛甩長棍，才甩落牠。牠劃過空中，先撞到土壁，才摔回地上，氣得嘶嘶猛叫。等我再一次拿長棍逼近，這下牠可不肯張口咬棍子了，便輕易捉到了牠。

我在坑底待了將近半小時，抓到十二條加彭膨蝰。其實我並不確定坑內的蛇是否全抓乾淨了，但我覺得再不離開，不啻玩命。同伴們將我拉出坑口，我又熱又髒、一身臭汗，一手緊抓一袋嘶嘶作響的蛇。

「你看吧！」我那位朋友志得意滿地對氣都喘不過來的我說：「我向你保證我會幫你找一批樣種，我說得沒錯吧？」

我點了點頭。當時我根本說不出話來，一屁股坐在地上，迫不及待地點菸來抽，想讓我顫抖的雙手慢慢停下來。危機過去之後，我才首度意識到自己是多麼愚蠢，打從一開始就不應該下那個坑，此時能活著爬出來，簡直幸運得不可思議。我決定銘記在心，將來若有人再問我蒐集動物是不是危險的職業，我會回答：看你自己有多蠢，這個行業就有多危險！恢復了半晌，我環顧四周，發現有一名觀眾不見了。

「你哥哥跑去哪裡了？」我問愛爾蘭朋友。

「他啊，」麥涂德語帶不屑地說：「他看不下去，他說他想吐！他在那邊等我們。你得原諒他，他是個孬種。看你在下面和那麼一大堆爬蟲待在一起，還真的需要一點膽量呢！」

塞巴斯提恩

不久前，我在阿根廷待了幾個月，那段期間認識了塞巴斯提恩。塞巴斯提恩是一位「高喬」牧人，高喬牧人在南美洲，相當於北美西部的牛仔。和西部牛仔一樣，現代社會裡的高喬牧人日漸稀少，因為阿根廷境內的牧場已逐漸機械化。

我去阿根廷有兩個目的：一是替英國的動物園蒐集活的野生動物；二是拍攝這些野生動物在自然環境中的生態。我有一位朋友，在距離布宜諾斯艾利斯一百二十公里外的鄉間擁有一座大牧場，那一帶一向以野生動植物聞名。所以當那位朋友邀請我去他的牧場住兩個星期，我立即欣然接受。可惜到了我們約定的時間，他卻有要事處理，只能載我去牧場，為我引見後，接著馬上得趕回首都。

他在小小的鄉間火車站等我，乘著馬車載我悠閒駛過塵土飛揚的道路，告訴我一切都已為我安排妥當。

「塞巴斯提恩就交給你指揮，」他說：「這樣一來應該就沒問題了。」

「塞巴斯提恩是誰？」我問。

「哦，他是我們僱的一位高喬牧人，」我朋友避重就輕地說：「關於這一帶的野生動物，若是他不知道的，那也不值得知道了。我不在，就由他擔任你的代理房主，你有任何需要，儘管向他開口。」

在他房子外的大陽臺用過午餐之後，朋友建議我去見塞巴斯提恩。我們替馬備鞍，騎馬穿越迤邐數英畝、在陽光下閃爍金光的草原和一叢叢大翅薊，每一株薊都和馬背上的人一樣高。騎了約半個鐘頭後，我們來到一小片桉樹林前，樹林中央有棟很長、很矮、以白漆粉刷的房子，一隻巨大的老狗躺在大太陽曝曬的沙土地上，抬起頭、不感興趣地吠了一聲，又倒回地上繼續睡。我們下馬，繫好馬。

「這棟房子是塞巴斯提恩自己蓋的，」朋友說：「他可能在後面睡午覺。」

我們繞到房子後面，看見一只非常巨大的吊床，掛在兩棵細瘦的桉樹之間，塞巴斯提恩就躺在吊床裡。

第一印象，我以為他是侏儒。日後我得知他身高一百五十七公分，但因為那只吊床極大、極長，他躺在裡面顯得好小好小。他的手臂出奇得長、又粗壯，掛在吊床外往下垂，手臂皮膚曬成了深紅褐色，覆滿汗毛，像一層淡淡的白霧。我看不見他的臉，因為他的臉被一頂黑色帽子蓋住，而那頂帽子正極富韻律感地起伏著，同時從帽沿下傳出如雷的鼾聲——我從未聽過拉得這麼長、這麼可怕的鼾聲。朋友上前抓住垂在吊床外的手臂，一邊用力扯、一邊彎身湊在他耳旁大吼：「塞巴斯提恩！塞巴斯提恩！醒醒！有客人來了！」但塞巴斯提恩對這般猛烈的吵鬧問候全無反應，繼續在帽子下打鼾。朋友看我一眼，聳聳肩。

「他一睡著就是這樣，」朋友解釋。「來！你抓住另一隻手臂，我們合力把他拉下吊床。」

我抓住另一隻手臂。我們倆使勁將塞巴斯提恩往前拖，讓他坐起身。那頂黑帽子往下滑，露出一張又圓又胖的褐色臉龐，被一道非常濃密、末梢向上捲的仁丹鬍，和一對非常濃密、末端向上翹的雪白眉毛平分成三半；仁丹鬍已被尼古丁熏成金色，眉毛很像長在額頭上的一對山羊角。朋友抓住塞巴斯提恩的肩膀猛烈搖晃，反覆大叫他的名字。半晌，白眉下的那對眼睛驀然睜開，一對淘氣的黑眼珠睡眼惺忪地直瞪著我們瞧。又過了半晌，塞巴斯提恩認出我朋友，立刻痛苦地咆哮了一聲，掙扎著想站起來：「先生！」他又咆哮一聲，「見到你我太高興了……啊！真對不起，先生，你來了，我卻像一隻睡在豬圈裡的豬……真對不起！我沒想到你這麼早就到了，否則我一定會去迎接你。」

朋友介紹我們認識，塞巴斯提恩使勁擰我的手，然後轉身面對房子扯著喉嚨大吼：「瑪莉亞！瑪莉亞！」吼聲足以令人神經衰弱。屋裡走出來一位約莫三十歲、非常吸引人的年輕女子。塞巴斯提恩向我介紹那是他太太，得意之情，溢於言表。然後伸出他強而有力的手，捏住我肩膀，懇切地凝視我。

「先生，你喜歡喝咖啡，還是瑪黛茶*？」他一臉純真地問我。幸好我朋友早已警告我，塞巴斯提恩對別人的第一印象，完全取決於那人是選擇喝咖啡、還是選瑪黛茶。塞巴斯提恩認為咖啡是一種噁心的飲品，只有城市人和墮落的人才熱愛喝咖啡。我說我喜歡喝瑪黛茶。塞巴斯提恩轉頭瞪他太太。

「怎樣？」他盛氣凌人地說：「妳沒聽到先生說他想喝瑪黛茶嗎？妳只會呆站在那裡，活像隻大太陽底下的貓頭鷹，妳要讓客人站在那裡渴死嗎？」

「我在燒開水了，」她心平氣和答道：「你要是請客人坐，客人就不必罰站。」
「別頂嘴，女人！」塞巴斯提恩大吼，仁丹鬍子氣得一根根豎起來。
「請你原諒他，先生，」瑪莉亞說，然後充滿愛意地對她丈夫微微一笑，「一有客人他就人來瘋。」
塞巴斯提恩的臉霎時變得像磚頭一樣紅。
「人來瘋？」他氣得大叫：「人來瘋？誰人來瘋？我比一匹死馬還冷靜……請坐、請坐，先生……她才人來瘋！……請你原諒我太太，先生，她有誇張的天才，她若生作男人，一定可以當政客，還會很成功。」
我們一起坐在樹蔭下。塞巴斯提恩點燃一根味道嗆鼻的小雪茄，一邊繼續溫和地數落他太太。
「我實在不應該再婚，」他吐露：「問題在於我娶的太太都比我早死。我已經結第四次婚了，每次我埋了一個女人，都會對自己說：塞巴斯提恩，別再搞了！然後咧，

---

* maté，冬青葉泡製的茶，也含有咖啡因。

突然間……哈！我又結婚了。我的靈魂願意單身，可是我的肉體太軟弱。問題是我的肉體比我的靈魂多出太多！」他以懊悔的神情低頭看自己偉大的啤酒肚，然後抬頭對我們咧嘴一笑，露出一大排牙床，上面只掛了兩根乾癟的牙齒，讓我對他不產生好感都不行。「我看我一輩子都會很軟弱，先生……一個男人沒有老婆，不就像隻母牛沒有乳房嗎？」

瑪莉亞端來瑪黛茶，我們圍坐傳遞小茶壺，輪流從細銀嘴內啜飲瑪黛茶，朋友藉此機會向塞巴斯提恩解釋我來牧場的目的。這位高喬牧人反應熱烈，尤其是當我們表示拍攝某些鏡頭可能需要他演出時，他更得意地摸摸自己的仁丹鬍，滑頭地瞄他太太一眼。

「妳聽見沒？」他問。「我要演電影了。以後說話最好小心點，小女人，等英國女人在銀幕上看到我，可會一大群一大群跑來這裡追我喔。」

「我看不見得，」他妻子回他：「到處都有窩囊廢，我看英國多半也有，何必來這裡。」塞巴斯提恩只怒目瞪了她一眼便作罷，轉頭對我說：

「你別擔心，先生，」他說：「我一定不遺餘力地幫你完成工作。你要什麼，我保證都替你辦到。」塞巴斯提恩果然言出必行。那天晚上朋友啟程返回布宜諾斯艾利斯之後，接下來兩個星期塞巴斯提恩幾乎寸步不離跟著我。他的精力旺盛，個性火熱，很快便完全接管我的事務，我只消告訴他我的需求，他就會替我辦好；而且我的要求愈怪、挑戰性愈高，他似乎愈開心、愈積極完成任務。在牧場上，他比我見過的任何人都懂得使喚傭工，奇怪的是，傭工在他手下勤快工作，不是因為他懇求或是哄騙他們，而是因為被他辱罵和譏笑；塞巴斯提恩會丟出一連串活潑生動的比喻，不但不會激怒工人，反而逗得他們哈哈大笑，願意為他更加把勁兒做事。

「看看你們！」他會尖酸刻薄地大聲咆哮，「看看你們嘛……動作這麼慢，比一隻在黏鳥膠上爬的蝸牛還慢！……你們的馬被你們騎著跑，沒有嚇昏，我都覺得奇怪，連我都可以聽見你們的眼珠子在你們的空腦袋瓜裡撞得嘎啦嘎啦響！」傭工聽後只是嘻嘻哈哈笑彎了腰，更加倍賣力幹活。工人們除了覺得他說起話來幽默，心裡也都明白，塞巴斯提恩絕對不會要求他們去做任何他自己做不到的事。當然，牧場上幾乎沒有任何工作能難倒塞巴斯提恩，所以工人們一旦碰到困難，或不可能做到的事，總會說「就連塞巴斯提恩都做不到」。當塞巴斯提恩騎上他的大黑馬，展開他猩紅與藍色相間的斗篷圍住肩膀，打出亮麗的折子，罩在身上，看起來的確帥氣。他會騎著這匹大馬在牧場裡縱橫馳騁，手中的套索在空中旋轉呼嘯，在我面前示範各種不同套閹公牛的方法。一般高喬牧人會以六種不同的方式套牛，塞巴斯提恩六種方法都會，而且同樣利索。他胯下的馬跑得愈快、地面愈凹凸不平，他扔套索的精準度似乎愈高，讓人感覺那些閹公牛身上似乎帶有磁性，會吸引套索，所以他才萬無一失。

塞巴斯提恩倘若稱得上是位玩套索的大師，那麼玩長鞭他更是天才。高喬牧人常用的鞭柄短、皮條又細又長，是一把足以奪命的武器，塞巴斯提恩永遠帶在身上。我見過他策馬飛馳過一叢大翅薊，倏地從皮帶裡抽出長鞭，乾淨俐落地切去其中一株薊的頭。使長鞭將別人嘴裡的香菸輕輕彈開，對他而言只是雕蟲小技。我聽說去年一位外地人初來乍到，對塞巴斯提恩玩鞭的技術抱持懷疑，塞巴斯提恩答辯的方式，是將那男人的襯衫從他背後剝了，從頭到尾沒沾到那人背上肌膚半根汗毛。長鞭是塞巴斯提恩最喜歡的武器，長鞭到了他手裡，就像他延伸出去的手臂；但他玩刀和小斧頭的技術也極高明，光是甩著一把小斧，就能在十步以外將火柴盒對半劈開。沒錯，你可不想得罪像塞巴斯提恩這樣的人！

我和塞巴斯提恩經常在夜裡出獵，因為夜行性動物會在那時離穴。天一黑，我們會帶著手電筒離開牧場，然後總要等到凌晨或半夜兩點過後才返回，通常都能帶回兩到三隻樣種。捕獵助手是塞巴斯提恩最愛的一條老混種狗，這隻狗老得牙都已經磨得與牙床齊平了，就算捕到動物，牠沒牙，也傷害不了獵物，所以是隻完美的獵犬。每次這隻狗在追趕及困住獵物之後，就會站在旁邊守護，然後每隔一分鐘短吠一聲，引導我們趕到現場。

在一次夜晚捕獵的過程中，我見識到塞巴斯提恩驚人的臂力。那天晚上老狗發現了一隻犰狳，追趕數百公尺之後，犰狳鑽進一個洞裡躲起來。當天有三個大漢出行：塞巴斯提恩、我和一名僱工。追犰狳的途中，我和那名工人將塞巴斯提恩遠遠拋在後面，因為塞巴斯提恩的體型並不適合跑步。我和工人跑到那個洞前，剛好看見犰狳的屁股消失在洞裡，我們登時往草叢撲過去，我抓住犰狳尾巴，工人抓住牠兩隻後腳，不管我倆使出多大力氣拉扯，那犰狳都文風不動，彷彿嵌在水泥裡似的。後來犰狳突然一蹬，工人手就鬆了。犰狳蠕動幾下，又往洞裡擠進去一點點，我可以感覺到牠的尾巴正從我手指間慢慢滑出去。說時遲，那時快，塞巴斯提恩氣喘如牛地抵達現場，一把將我推開，抓住犰狳的尾巴，兩隻腳抵住洞口兩邊，用力一拉！土像下急雨似地到處飛濺，犰狳像一只從酒瓶裡拔出來的木塞，被硬生生從洞裡拔了出來。我們倆拉扯那麼久都拉不動，塞巴斯提恩只不過一拽，就把牠給拽了出來。

我在牧場裡想拍攝的其中一種動物是美洲鴕鳥，又名鶆䴈（rhea）。美洲鴕鳥和牠們的非洲表親一樣，跑起來不輸賽馬。但我想拍攝高喬牧人以古老的方法捕捉——用流星錘（boleadoras）獵美洲鴕鳥。流星錘這種武器是一根長繩，串起三顆大小和板球差不多的木球，使用時先在頭頂上旋轉，再拋出去，纏住美洲鴕鳥的腿，將之絆倒在地。塞巴斯提恩負責替我安排整個捕獵行動。我利用停留牧場最後一天進行拍攝，幾乎所有傭工都會上鏡，所以當天早上每個人都穿上他們最帥氣的服裝出現，顯然在暗自較勁，看誰的服裝最鮮豔。塞巴斯提恩站在自己的馬後面巡視那批工人，沒好氣地說：

「你瞧他們那副德性，先生，」他不屑地啐了一口，「一個個穿得花枝招展，活像一排鵪鶉蛋，還發亮呢！全像狗崽跑到滾球草坪上一樣興奮的咧！以為他們的蠢臉要

上鏡頭了……看了真讓我想吐！」但我注意到，開拍前塞巴斯提恩也小心翼翼梳了梳他的仁丹鬍子。

我們在毒辣的太陽下工作一整天，直到傍晚才拍完最後一幕。收工後，大家都覺得需要坐下來休息——我指的「大家」，不包括塞巴斯提恩，他看起來還像早上一樣精神抖擻。回家途中，他告訴我晚上替我安排了一場餞行晚會，牧場裡所有人都會出席，準備了很多酒、大家可以唱歌跳舞。他說得兩眼發光，讓我不忍心坦白我已經快累死了，寧願上床睡覺，只好接受他的邀請。

慶祝會在一個煙霧瀰漫的巨大廚房裡舉行，室內由六盞火舌不停舞動的油燈照亮，樂隊則由三把吉他組成，吉他手彈得非常激動。不消說，整場晚會的主角是塞巴斯提恩——酒，他喝得比誰都多，但他沒醉；他表演了吉他獨奏，又多次獻唱，歌曲風格從猥褻下流到悲情傷感，變化多端；他還吃下大量的食物；最重要的是，他跳了很多支舞，都是高喬牧人熱情如火的獨特舞蹈，舞步極複雜，不時加上踢腿及跳躍。塞巴斯提恩一直跳到他的腳步震撼了屋頂上的橫梁，他的馬刺在平坦石地上擦出火花……

朋友特地從布宜諾斯艾利斯開車來接我，在晚會進行一半時趕到，加入這場慶功宴。我倆坐在角落裡喝葡萄酒，觀賞塞巴斯提恩跳舞，看工人們為他鼓掌叫好，歡聲雷動。

「他真是活力充沛，不可思議，」我有感而發。「今天他工作得比誰都辛苦，現在又逼大家跳舞跳到站不住腳，可他還在跳！」

「在彭巴草原上討生活，就會變成這樣。」我朋友答道：「不過以他的年齡來說，還真了不起，你不覺得嗎？」

「為什麼？」我漫不經心地問：「他幾歲？」

「你不知道？」朋友說：「再過兩個月，塞巴斯提恩就要滿九十五歲了！」

來自杜瑞爾野生動植物保育信託的信息

保育瀕危物種的改革運動，並未因杜瑞爾於一九九五年辭世而終止，透過杜瑞爾野生動植物保育信託不懈的努力，杜瑞爾生前的志業仍在持續進行當中。

這麼多年來，許多杜瑞爾的讀者因他的經驗及宏觀，大受感動，也希望加入杜瑞爾信託，開始屬於自己的故事；我們希望今天你也有這種感覺。杜瑞爾用他的書和他的一生，留給我們一個挑戰：「動物們是沒有聲音，沒有投票權的最大多數，」他寫道：「沒有我們的幫助，牠們不可能生存下去。」

當你翻過這一頁，請別一齊掩埋了您對保育工作的興趣。現在就寫信給我們，我們會告訴您如何加入這項拯救動物免於滅絕的改革運動。

欲索取資料或捐款，請來函：

Jersey Wildlife Preservation Trust
Les Augrès Manor
Jersey, English Channel Islands JE3 5BP
Via UK

或上網查詢：
www.durrell.org

國家圖書館出版品預行編目(CIP)資料

當頑童遇見動物：英國博物學家的14堂自然觀察手記/傑洛德・杜瑞爾（Gerald Durrell）著；唐嘉慧譯. -- 初版. -- 新北市：木馬文化事業股份有限公司出版：遠足文化事業股份有限公司發行, 2022.11
224面；14.8 × 21公分
譯自：Encounters with animals.
ISBN 978-626-314-321-0 (平裝)

1. 動物行為　2. 動物學　3. 通俗作品

383.7　111017055

當頑童遇見動物

英國博物學家的14堂自然觀察手記

Encounters with Animals

作　者　傑洛德・杜瑞爾（Gerald Durrell）
譯　者　唐嘉慧
審　訂　曾文宣
社　長　陳蕙慧
總編輯　戴偉傑
特約編輯　周奕君
行銷企畫　陳雅雯・汪佳穎
封面設計　許晉維
封面插畫　夏仙 Sammi
內頁排版　宸遠彩藝工作室
集團社長　郭重興
發行人兼出版總監　曾大福
出　版　木馬文化事業股份有限公司
發　行　遠足文化事業股份有限公司
地　址　231新北市新店區民權路108之4號8樓
電　話　02-2218-1417　傳真　02-8667-1065
Email　service@bookrep.com.tw
郵撥帳號　19588272 木馬文化事業股份有限公司
客服專線　0800221029
法律顧問　華陽國際專利商標事務所　蘇文生律師
印　刷　前進彩藝有限公司
初　版　2022年11月
定　價　380元
ISBN　9786263143210